LES

MARTYRS DU TRAVAIL

MANUEL

DU PROPRIÉTAIRE ET DU CONDUCTEUR D'ANIMAUX DE TRAIT

PAR

A. Édouard ROCHE, de Linas

LE CHEVAL

Deuxième édition, revue et augmentée.

Ouvrage couronné par la Société protectrice des animaux
et adopté pour les bibliothèques scolaires de la ville de Paris
et du département de la Seine.

PARIS
LIBRAIRIE CH. DELAGRAVE
58, RUE DES ÉCOLES, 58

LES

MARTYRS DU TRAVAIL

LE CHEVAL

JUSTICE

—

COMPASSION

—

MORALE

—

INTÉRÊT PARTICULIER

—

RICHESSE PUBLIQUE

3451-77 Corbeil. — Typ. et stér. de Crété.

LES

MARTYRS DU TRAVAIL

MANUEL
DU PROPRIÉTAIRE ET DU CONDUCTEUR D'ANIMAUX DE TRAIT

PAR

A. Édouard ROCHE, de Linas

LE CHEVAL

Deuxième édition, revue et augmentée.

Ouvrage couronné par la Société protectrice des animaux
et adopté pour les bibliothèques scolaires de la ville de Paris
et du département de la Seine.

PARIS
LIBRAIRIE CH. DELAGRAVE
58, RUE DES ÉCOLES, 58
1877

A MON CHER PETIT-FILS

GEORGES ROCHE

« Qu'ils soient vos serviteurs
et non pas vos victimes. »
(DELILLE, *La Pitié*.)

Une médaille de bronze a été donnée à M. Roche, de Linas, pour son manuscrit (*Les Martyrs du travail*). « Incontestablement, a dit M. le rapporteur de ce tra- « vail, si tous les propriétaires et conducteurs d'ani- « maux de trait faisaient leur lecture favorite du « Manuel de M. Roche, les chevaux vivraient dans « l'âge d'or. » Le manuscrit de M. Roche, s'il est publié, est appelé à rendre de réels services.

(Extrait du rapport de la Société protectrice des animaux, de Paris. Séance publique du 25 juin 1876.)

..... Le livre de M. Roche, dont vous aviez l'année dernière récompensé le manuscrit par une médaille de bronze, a été jugé digne d'une médaille d'argent..... C'est un livre agréable à lire et très-utile à notre œuvre.

(Extrait du rapport de la Société protectrice des animaux, de Paris, sur la première édition des *Martyrs du travail*. Séance publique du 21 mai 1877.)

AVANT-PROPOS

Les animaux de trait constituent une partie importante de la richesse publique. L'homme ne saurait se passer de ces utiles auxiliaires. Comment en effet, sans eux, cultiver nos terres, comment transporter cette infinité de matériaux pour la construction de nos maisons et de nos édifices, comment exploiter nos carrières, nos mines, nos forêts, tracer nos routes, creuser nos ports et nos canaux, établir nos chemins de fer, comment enfin voyager et transporter toutes ces marchandises si diverses indispensables à nos besoins, à nos jouissances ?

Les animaux de trait contribuent donc

par leur travail et pour une très-large part au bien-être des sociétés humaines. Mais ce précieux secours ne peut être durable et surtout profitable à nos intérêts qu'autant que nous traiterons bien ces utiles serviteurs et que nous saurons employer leurs forces avec sagesse et modération.

Il tombe sous le sens le plus vulgaire qu'un animal surmené et maltraité est usé avant l'âge, et qu'au contraire un animal bien soigné auquel on n'impose qu'un travail raisonnable et en proportion de sa vigueur rend des services plus longs et plus rémunérateurs.

Ce petit livre est donc un recueil de conseils et de réflexions à l'usage des propriétaires et des conducteurs d'animaux de trait. Il a été écrit pour les jeunes gens qui veulent devenir charretiers et aussi pour ceux qui, déjà dans le métier, n'ont pas encore acquis toutes les connaissances qu'il exige.

Beaucoup d'individus s'imaginent qu'il suffit de savoir atteler et dételer un cheval et d'avoir un fouet à la main pour passer maître dans l'art de conduire. C'est une grande erreur trop répandue et malheureusement cause de bien des abus.

Comme toutes les professions, celle de charretier demande des aptitudes spéciales et une étude du cheval et de tout ce qui s'y rapporte. Il faut, en outre, posséder des qualités essentielles à la tête desquelles se trouve naturellement la compassion envers les animaux. Sans ces aptitudes, sans ces qualités, il est impossible de devenir bon charretier, et voilà pourquoi dans les rues, sur les routes et dans les exploitations de toutes sortes, on est journellement témoin de graves accidents et d'actes scandaleux, déplorables et révoltants.

La compassion doit donc être la première qualité du charretier. Posséderait-il toutes les autres au plus haut degré, s'il n'a pas la compassion, il ne sera jamais qu'un conducteur vulgaire que la cause la plus futile rendra injuste et inhumain.

L'homme a apprivoisé et dressé pour son usage certains animaux doux et paisibles. Le cheval, le mulet, l'âne, le bœuf sont de ceux-là. Il doit donc traiter en amis, non en esclaves, ces bons serviteurs qui lui donnent toutes leurs forces, toutes leurs sueurs, jusqu'à leur vie, qui lui apportent par leur travail, par leurs fatigues, le soulagement et le bien-être. La religion elle-même nous prescrit d'être doux et humains envers eux. Donner aux animaux toute la nourriture dont ils ont besoin, les abriter convenablement, les bien soigner, ne leur imposer que des charges en proportion de leurs forces, éviter tout ce qui pourrait leur causer fatigue excessive et souffrance, tels sont les devoirs qu'impose la reconnaissance envers ces êtres que nous devons regarder comme des amis, comme des frères inférieurs. Dieu nous a permis d'en user, non d'en abuser.

Le bon charretier sait et pratique toutes ces choses : ce manuel ne lui est donc pas précisément nécessaire, mais, s'il lui tombe sous la main, il accomplira une bonne action en le faisant connaître, en le faisant lire à ceux de ses camarades qu'il jugera en avoir besoin.

AVANT-PROPOS.

Ce petit livre de protection et de morale dans lequel je crois avoir touché tous les points se rapportant au cheval, cet utile et si intéressant animal, convient aux écoles des campagnes dont la plupart des enfants sont appelés à posséder ou à conduire des animaux de trait. Sa lecture fera certainement naître et développera dans le cœur de la génération qui s'élève des sentiments de douceur et d'humanité dont la société, à un moment donné, ne peut que se ressentir et bénéficier.

Rendre l'homme meilleur et protéger de pauvres êtres martyrs, faire bien comprendre en même temps que les bons traitements envers les animaux ne peuvent que servir utilement nos intérêts, tel est le but que je me suis proposé. Je m'estimerai heureux si j'ai pu l'atteindre et faire ainsi quelque bien.

LES

MARTYRS DU TRAVAIL

Aide, secours, obligeance.

Le premier devoir des hommes est de s'entr'aider, de se secourir mutuellement dans toutes les positions difficiles de la vie. Le bon charretier se gardera bien, surtout dans ce qui touche à sa profession, de manquer à ce devoir. Il se rappellera ce vulgaire et si vrai dicton : *Un peu d'aide fait grand bien*. Toujours prêt à rendre service, il viendra au secours de ses camarades dans l'embarras. S'il voit une voiture arrêtée sur une rampe ou sur un sol mou, glissant, inégal, caillouteux, immédiatement et sans qu'on le lui demande, qu'il soit pressé ou non, il s'arrêtera, dételiera ses chevaux et aidera à faire sortir cette voiture du mauvais pas où elle se trouve. Qu'on le remercie ou non de ce service, cela lui importe peu. Il aura accompli un acte d'humanité envers de pauvres animaux et un acte de fraternité en obligeant son semblable. Cela lui suffira ; sa conscience sera satisfaite ; il s'estimera heureux d'avoir trouvé l'occasion de faire quelque bien.

Si, un jour, lui-même dans la peine, il demandait du secours à un camarade et que ce dernier, pour une raison quelconque, lui refusât son aide, il le plaindrait d'avoir le cœur si mal placé, tout en blâmant sa conduite si peu charitable, mais cela ne l'empêcherait pas, s'il rencontrait plus tard cet égoïste dans l'embarras, de courir avec empressement pour l'en tirer. Ce serait sa plus delle vengeance et en même temps la meilleure leçon de confraternité qu'il pourrait lui donner.

Le charretier prévoyant emportera toujours dans sa voiture deux traits supplémentaires qui lui serviront à aider les camarades ou à se faire aider lui-même dans les passages difficiles.

Attachement, haine.

Quand on voit un charretier parler avec amitié à ses chevaux, les caresser, les embrasser, on peut affirmer que c'est un homme compatissant dont l'âme sensible est toujours ouverte aux meilleurs sentiments. Bon pour les animaux, il l'est aussi pour ses semblables, car tout s'enchaîne sur cette terre dans le bien comme dans le mal. Si on le suivait dans son intérieur, on le verrait pratiquer toutes les vertus de la famille. Il est l'ami de ses animaux, qui le connaissent et lui sont attachés et qui obéissent à sa parole sans qu'il ait jamais besoin de se servir de son fouet. Cet excellent homme n'a pas de préférence pour l'un ou pour l'autre de ses chevaux ; il les aime, il les soigne tous de la même manière. Qu'on lui donne à dresser ou à conduire un cheval difficile, il parviendra par ses bons procédés, par sa douceur, par sa patience, à le rendre parfait en peu de temps. Ce bon charretier s'attristera et même pleurera si un accident lui enlève un de ses animaux.

Tous les charretiers, hélas! ne ressemblent pas à celui-ci. Beaucoup sont la terreur de leurs chevaux et n'ont pour eux, à tout moment, que l'injure et les coups. Aussi, tremblants à leur approche, ahuris, cherchant à fuir, ces animaux ne comprennent pas les commandements, et sont loin de rendre tous les services qu'un homme sage et bon saurait en tirer. Souvent ces charretiers prennent en haine, sans savoir pourquoi, une de leurs malheureuses bêtes et, pour une satisfaction qu'une âme noire seule peut comprendre, ils ne perdent pas une occasion de la torturer. Dans leurs mains, sous leur barbare domination, le cheval le plus doux devient entêté, rétif, et souvent furieux.

Ces hommes si féroces pour leurs animaux sont certainement à redouter. En effet, qu'attendre d'un charretier barbare? L'homme qui est assez méchant et assez lâche pour martyriser un pauvre être sans défense, un pauvre être qui lui donne ses fatigues et sa vie, cet homme, dans une circonstance donnée, est capable de commettre un crime, car la cruauté envers les animaux rend le cœur insensible aux souffrances des hommes. En remontant dans son passé, on trouvera que le charretier barbare a été mauvais fils, et il y a tout à parier que, dans le présent, il est mauvais époux et mauvais père.

Le bon charretier, quand il rencontrera de ces êtres pervers, s'efforcera, par de bonnes paroles, de les ramener à des sentiments plus humains. Il ne réussira pas toujours, mais ne parviendrait-il à en convertir qu'un seul, qu'il se trouvera bien payé de sa peine par l'immense satisfaction que procure l'accomplissement d'une bonne action.

Attention.

L'attention du charretier doit être continuelle. Sans cesse, il doit veiller sur ses animaux et s'inquiéter de leur santé, de leurs fatigues, de leurs souffrances. Il aura un soin tout spécial du cheval limonier dont il serrera ou desserrera la sous-ventrière suivant les accidents du terrain. Il visitera les harnais, les mors, les fers. Il empêchera, en les nattant, que les poils du toupet ne descendent sur les yeux de l'animal, et aussi que ces mêmes organes ne soient pressés ou frappés par les œillères mal assujetties. Il aura soin de bien graisser les boîtes des roues de sa voiture et de toujours serrer le frein dans les pentes. Il maintiendra toujours son attelage sur la meilleure partie du chemin en ayant soin d'éviter tout caillou, toute ornière, toute fondrière qui pourraient entraver la marche du véhicule et fatiguer ses chevaux. Il cédera toujours la moitié de la route à toutes les voitures qu'il rencontrera, et il ne marchera jamais la nuit sans avoir un falot ou une lanterne allumée. S'il doit entrer dans un chemin défoncé par les pluies, il faut qu'il s'arrête et qu'il aille étudier le terrain et même le sonder afin de savoir de quel côté il doit diriger sa voiture.

Lorsqu'il rencontrera un ruisseau, il le traversera toujours en biais, afin d'éviter un choc qui a souvent pour résultat la rupture d'un essieu et une secousse douloureuse pour l'animal. S'il s'arrête pour quelque temps, il détachera et assujettira la chambrière afin de soulager le cheval de limon. Il se tiendra pendant la marche toujours à la tête de son attelage, et, s'il rencontre quelqu'un qui l'occupe et le retienne, ne fût-ce que peu d'instants, il ne laissera pas ses chevaux livrés à eux-mêmes. Ceux-ci, marchant au hasard, pourraient accrocher d'autres voitures, se heurter contre une pierre ou un arbre, monter sur un trottoir, enfoncer une devanture de boutique, engager la voiture dans un chemin transversal, la faire culbuter dans un fossé, etc., etc. Que de fois des charretiers ont ainsi causé des accidents et ont ensuite maltraité injustement leurs innocentes et malheureuses bêtes, les rendant responsables et victimes de leur imprévoyance et de leur négligence !

Auberges, cabarets.

La plupart des charretiers ont la mauvaise habitude de s'arrêter à toutes les auberges, à tous les cabarets qu'ils rencontrent. Ces lieux où règne l'intempérance, ces lieux foyers de corruption, sont les étapes de l'abrutissement et de la misère. A force de boire, toujours sans besoin, on fatigue son estomac; les vapeurs du vin, montant au cerveau, alourdissent l'esprit et enlèvent toute raison ou rendent l'individu vif, querelleur, impatient, et portent dans tous les cas à de méchantes actions, à des actes injustes et coupables. Au cabaret, l'on dépense inutilement son argent, car on ne se contente pas d'un simple verre de vin, on s'en fait servir un demi-litre, un litre. Puis on rencontre des camarades et, dans ce cas, les connaissances sont bientôt faites; on s'offre mutuellement et, comme chacun ne veut pas être en reste, les litres succèdent aux litres, et cela nombre de fois par jour, pendant qu'à la maison, la femme et les enfants n'ont souvent qu'une maigre pitance et ne boivent que de l'eau. L'abus du vin et des liqueurs produit chez certains hommes des effets déplorables. Le charretier qui a ce défaut est incapable du moindre raisonnement. Tyran inflexible, il exige de ses chevaux des travaux inutiles ou impossibles. Pour rattraper le temps perdu chez le marchand de vin, il les frappe, les ahurit par ses cris et ses jurons et les épuise de douleur et de fatigue. Des passants au cœur généreux, justement indignés, s'interposent quelquefois et veulent empêcher ces brutalités révoltantes. De là des querelles, des injures, des rixes qui se terminent pour le délinquant par l'amende et la prison.

Le charretier doit donc éviter avec soin de boire, à tout propos et sans besoin, du vin et des liqueurs, des liqueurs surtout, qui contractent les voies digestives et qui, telles que l'absinthe et certaines autres, apportent des perturbations dans la santé et stupéfient l'intelligence. Le bon charretier doit toujours avoir la tête libre afin de toujours être maître de lui. Mais comme le grand air, la marche et la fatigue amènent forcément le besoin de boire à certains moments de la journée, surtout en été, les charretiers devraient emporter avec eux un bidon ou un vase en grès dans lequel ils mettraient du vin et de l'eau, ou une petite quantité d'eau-de-vie avec beaucoup d'eau, ou encore une infusion légère de café, toutes choses très-désaltérantes et bonnes pour le corps. De plus, il y aurait économie.

N'étant donc plus attirés par le besoin et l'habitude vers ces cabarets qu'ils rencontrent à chaque pas, ils ne trouveraient plus l'occasion de s'enivrer et de faire de mauvaises connaissances. Ils ne s'arrêteraient plus que deux ou trois fois par jour pour déjeuner, dîner ou souper. On entre au cabaret sous le prétexte de faire reposer les chevaux, mais en réalité pour boire, le plus souvent sans besoin et sans raison. Le bon charretier s'arrête à n'importe quel endroit du chemin, là où il s'aperçoit que ses chevaux ont besoin de repos. Lui-même, assis à l'ombre d'un arbre ou à l'abri du vent, se remettra de sa fatigue en buvant quelques gorgées de la boisson que contient son bidon.

Le bon charretier se rappellera toujours que, dans les cabarets, on dépense inutilement son argent, on perd son temps, on compromet sa santé et qu'enfin on perd l'estime et la considération.

Cales, coins en bois.

Lorsqu'une rampe est longue ou rapide, la fatigue des chevaux est extrême. Le peu de largeur de la route, le passage d'autres voitures, ne permettent pas toujours au conducteur de louvoyer pour détruire quelque peu l'effet de la pente ou de mettre la voiture en travers de la voie afin de laisser souffler les chevaux. Les pauvres animaux épuisés, haletants, sentant leurs forces les abandonner, s'arrêtent croyant se reposer. Mais, déception ! l'arrêt est aussi fatigant que le tirage. En effet, pour retenir cette voiture que la pesanteur entraîne, les chevaux le limonier surtout, arc-boutent leur jambes et redoublent d'efforts. Pendant ce temps, le conducteur court de côté et d'autre pour chercher une pierre et caler la roue. Souvent il ne trouvera qu'un petit caillou et, en le plaçant, il risquera d'avoir la main broyée par un mouvement de recul.

Le charretier prévoyant aura toujours dans sa voiture deux coins en bois. Aussitôt que l'attelage s'arrêtera, il prendra ses coins, calera les roues sans danger, et les pauvres bêtes pourront se reposer et reprendre des forces. Si, une fois par hasard, il oublie d'emporter ses coins et qu'il se serve, pour caler sa voiture, de pierres ou de pavés, le charretier attentionné aura le soin de remettre ces pierres ou ces pavés sur le bas-côté de la route afin de prévenir tout accident si, la nuit, des voyageurs ou des voitures venaient à les rencontrer.

Causes de certaines maladies du cheval.

Les coups portés avec le manche du fouet,

avec un bâton, avec le pied, produisent :

Des boiteries, des contusions, des plaies, des tumeurs, la fièvre, le mal de tête, l'écrasement des chairs et des muscles, des coupures de veines et une foule d'autres maux dont le nom dépend de la partie offensée.

La fatigue, l'exercice outré, la surcharge amènent :

La courbature, l'écart, l'effort des reins, l'esquinancie, l'étourdissement, l'apoplexie, la fièvre, la fortraiture, la fourbure, une hémorrhagie, une hernie, une indigestion, le mal de tête, la péripneumonie, la pleurésie, la pousse, la pulmonie, la roideur des articulations, le torticolis, les tranchées.

Les mauvais aliments, les eaux de mauvaise qualité causent :

Les tranchées, l'indigestion, les dévoiements, la dyssenterie, les ébullitions, la péripneumonie, le farcin, la fièvre, la pleurésie, l'hydropisie de poitrine, le vertigo, le mal de feu, les dartres, la gale.

La constipation amène :

Le mal de tête, l'étourdissement, l'apoplexie, le vertigo, les tranchées.

Un refroidissement produit :

La fièvre, le mal de tête, l'esquinancie, la fourbure, le morfondement, la pleurésie, la pousse, la pulmonie, la roideur des articulations, la toux, le torticolis.

La trop grande chaleur, l'insolation causent :

Le mal de tête, l'étourdissement, l'apoplexie, l'esquinancie, l'hémorrhagie.

Les chutes amènent :

Les contusions, les plaies, les entorses, l'écart, le vertigo, les fractures de membres, etc.

Les mors défectueux, les secousses imprimées à la bride produisent :

L'écorchement de la langue et des lèvres, la blessure des barres.

Les colliers et harnais défectueux causent :

Les écorchures, les plaies.

Le bon charretier qui est humain, prudent et intelligent, saura écarter de ses animaux, par son attention, ses bons traitements et ses bons soins, toutes causes de souffrance et de maladie.

Chaînes d'attelage.

Les chaînes d'attelage accrochées au collier du cheval limonier se trouvent toujours placées entre le corps de l'animal et les limons de la voiture. Que s'ensuit-il? C'est que, par suite des inégalités du pavé, les limons violemment secoués pressent à chaque cahot les chaînes contre les épaules de la pauvre bête, meurtrissent ses chairs et lui causent une souffrance continuelle. Il serait bien plus rationnel de placer ces chaînes en dehors des limons plutôt qu'en dedans. Sauf un léger frottement des chaînes contre les limons, le tirage s'effectuerait tout aussi bien et l'on éviterait ainsi au cheval des souffrances inutiles.

Le bon charretier qui pense sans cesse au soulagement de ses attelages emploiera ce moyen ou tout autre qu'il jugera efficace, tel que l'entourage des chaînes par des matières compressibles, par exemple, pour protéger ses bêtes contre ces secousses et ces pressions si douloureuses.

Mais ce qui vaudrait mieux serait de remplacer ces chaînes par des courroies, comme le font certains voituriers. Ces courroies, dont la force serait en proportion de la charge à entraîner, s'appliqueraient toujours à plat sur l'épaule du cheval, ne lui causeraient aucune douleur et résoudraient ainsi la question.

Quelquefois, lorsque les limons sont d'une certaine longueur ou que le cheval est de petite taille, celui-ci se trouve protégé par son collier, qui reçoit seul le choc des limons. Mais ce cas est malheureusement trop rare. On doit donc rejeter les limons trop courts, qui sont une cause permanente de souffrances pour les animaux.

Chaînes d'avaloire ou de recul. Commande.

Lorsqu'on dételle un cheval de limon et que, pour une cause quelconque, on lui fait parcourir, tout harnaché, un certain espace, il arrive que la marche imprime un certain balancement aux deux petites chaînes d'avaloire ou de recul qui, à chaque pas, viennent frapper le bas-ventre de l'animal. C'est une sensation douloureuse qu'on peut facilement lui épargner, et le bon charretier, pour le temps du trajet, quelque court qu'il puisse être, enroulera toujours ces deux chaînes autour des courroies de l'avaloire.

Il en est de même de la commande, petite longe de cuir attachée à l'anneau du mors, qui, par suite du mouvement de la tête, frappe à chaque instant le nez et quelquefois les yeux de l'animal et lui cause douleur et mauvaise humeur. On évitera cet inconvénient en réduisant la longueur de la commande à dix ou douze centimètres.

Cheval limonier.

Il ne faut exciter le cheval limonier que rarement et lorsque cela est véritablement nécessaire, et encore le faire doucement et avec mesure. Le rôle du cheval limonier est plutôt de porter que de tirer. Les chevaux de devant qui, seuls, doivent entraîner la charge, seront toujours excités avant lui. C'est grande pitié de voir quelquefois des charretiers ignorants et cruels s'acharner sur de pauvres chevaux limoniers qui ont assez à faire de supporter la charge, le balancement et les secousses des lourdes voitures auxquelles ils sont attelés. Le bon charretier qui se rend compte des moindres choses se garde bien d'agir ainsi.

Quand on attelle un cheval limonier, on doit, autant que possible, enlever la voiture au-dessus de son dos, parce que, si le cheval est sensible et chatouilleux, le frottement des brancards peut l'irriter et le porter à ruer et à se jeter de côté. On doit, dans ce cas, bien se garder de fouetter l'animal, qui alors résistera et ne voudra plus se laisser atteler.

Il arrive souvent que, pour se reposer, le conducteur d'une voiture se place sur le cheval qui précède le cheval limonier. Afin d'obliger ce dernier à dépenser toutes ses forces pour le tirage de la voiture, le cheval sur lequel il est assis ne pouvant plus utiliser toutes les siennes, il ramène à lui et maintient ainsi fortement la bride de la pauvre bête qui a le cou constamment tendu, ce qui, outre la douleur produite à sa bouche, lui cause une gêne et une fatigue extrêmes. Le cheval qui marche la tête ainsi élevée, ne voyant pas le sol et ses inégalités, peut faire un faux pas et tomber. De plus, le but du conducteur n'est pas atteint, car un cheval ne peut employer toute sa force que s'il a les mouvements libres et la tête baissée. Cet expédient est donc inutile et surtout inhumain. Le bon charretier ne l'emploiera donc jamais. S'il veut se reposer, il imitera certains de ses confrères en établissant un petit siége à l'arrière de sa voiture.

Le cheval limonier est dans un état permanent de gêne et de souffrance. Son conducteur doit donc faire en sorte de lui épargner toute fatigue inutile, toute sensation douloureuse. Dans la décharge des tombereaux, par exemple, le charretier attentionné et compatissant, lorsqu'il fera basculer la voiture, préparera son cheval au brusque recul qui va avoir lieu par un commandement en arrière, afin d'atténuer autant que possible pour l'animal la douleur produite par la pression violente du collier sur le poitrail.

Lorsqu'une voiture est chargée, les chevaux ne doivent aller qu'au pas. Il est aussi imprudent qu'inhumain, dans ce cas, de faire courir les animaux, car le cheval limonier, outre les chutes auxquelles on l'expose, reçoit sur les reins, par suite des pressions violentes et réitérées de la dossière, des secousses excessivement douloureuses qui le courbaturent et l'épuisent.

Le possesseur de plusieurs chevaux choisira toujours le plus vigoureux pour cheval limonier, et si, parmi ses animaux, il s'en trouve plusieurs d'égale force, il mettra ces derniers dans les limons à tour de rôle.

Cheval malade, cheval blessé.

L'animal n'est pas une machine qui peut marcher indéfiniment. Comme l'homme, il se fatigue, il souffre, il est malade. Un excès de travail, un refroidissement, une chute, tout autre accident et aussi et surtout les mauvais traitements apportent dans son organisation des désordres préjudiciables à sa santé. C'est ce que ne comprennent pas ou ne veulent pas comprendre beaucoup de conducteurs qui mettent sur le compte de la mauvaise volonté de l'animal sa lenteur ou sa résistance à obéir et le frappent sans pitié. Oui, les chevaux sont malades, très-souvent malades, et le charretier exercé et attentionné s'en apercevra de suite à l'allure de sa bête, au port de sa tête et de son cou, à son poil, à ses yeux, à la rougeur ou à la pâleur de sa langue et de ses gencives, à son front brûlant, à ses oreilles plus ou moins chaudes et à beaucoup d'autres signes. C'est donc une mauvaise action, je dirai même un crime, de forcer une malheureuse bête à travailler dans ces conditions. A ce charretier ignorant, grossier, inhumain, qui fouette si cruellement son cheval malade, en le traitant de fainéant, lui qui souvent n'est qu'un paresseux et un ivrogne, ne lui est-il jamais arrivé d'avoir mal à l'estomac, à la poitrine, aux dents, à la tête, d'éprouver des douleurs rhumatismales, d'avoir la fièvre? Et si, dans cette position, on l'eût obligé d'exécuter un travail pénible qui aurait exigé l'emploi de toutes ses forces et que, souffrant, exténué, haletant, voulant s'arrêter un instant pour calmer son mal, on l'eût frappé cruellement et longtemps, ne peut-il, par la pensée, se rendre compte des souffrances inouïes qu'il aurait eu à endurer? Eh bien, ces souffrances atroces dont il peut ainsi se faire une idée, combien de pauvres animaux ne les ressentent-ils pas, chaque jour, à toute heure, sous le fouet d'un maître aveugle et impitoyable! On ne verra jamais le bon charretier commettre des actes de cette nature. Déjà doux et compatissant pour ses animaux lorsqu'ils sont en bonne santé, il leur donnera tous les soins que lui suggérera la pitié si ceux-ci sont malades.

Le bon charretier ne voudra jamais non plus faire travailler un cheval ayant une plaie sous le collier ou sous le harnais dont la pression et le frottement occasionnent à l'animal une si atroce douleur. Infliger ce supplice continu à un pauvre animal est un acte de barbarie au premier chef.

Cheval qui refuse de marcher.

Il arrive quelquefois qu'un cheval en marchant s'arrête tout à coup et refuse d'avancer. Il faut bien se garder de frapper l'animal, de le rouer de coups comme le font certains conducteurs ignorants et cruels. Le bon charretier l'excitera légèrement du fouet et de la parole. Si l'animal s'arrête de nouveau, il voudra se rendre compte de la cause de cet arrêt. Il examinera son cheval pour voir s'il n'est pas malade, s'il n'éprouve aucune souffrance; il visitera le collier, le harnais, afin de s'assurer s'ils n'exercent aucune pression douloureuse. Il desserrera la sous-ventrière s'il s'aperçoit qu'elle comprime trop fortement la poitrine et l'estomac et, si rien ne lui révèle un accident ou une souffrance, il essayera encore une fois de faire avancer le cheval. Si celui-ci s'arrête de nouveau, c'est qu'alors il éprouve une douleur dont la trace n'est pas apparente, un mal d'estomac, une colique, une crampe, un étourdissement, etc. Il sera alors humain et prudent de laisser reposer l'animal un peu plus longtemps, de le dételer même, de le débarrasser de ses harnais et de le laisser en liberté.

Quelquefois le refus d'avancer a pour cause la vue d'un objet qui effraye le cheval et le fait reculer, un tas de pierres, un arbre, un ruisseau, un changement brusque dans la composition, la forme ou la couleur du terrain sur lequel il marche, ou bien encore un bruit inaccoutumé, une bête cachée que son instinct lui révèle, etc. Dans ce cas, il faut se placer entre le cheval et l'objet qui cause son effroi ; l'animal, qui se sent ainsi protégé, se rassure. On doit ensuite lui parler doucement, le caresser, puis l'exciter légèrement pour le faire repartir. Si ce moyen ne réussit pas, il est inutile de le brutaliser ; il suffit de lui envelopper la tête, de manière à lui cacher la vue de l'objet qui lui fait peur, à affaiblir le bruit qui l'épouvante.

Cheval qui refuse de tirer.

Il y a des chevaux qui tiennent parfaitement la tête d'un attelage. Il en est d'autres qui ne marchent bien qu'au second rang. Quelquefois un cheval de flèche refuse tout à coup de tirer et persiste à rester en place malgré toutes les excitations. Son refus d'avancer vient alors d'une cause qui nous échappe. Il est donc inutile de maltraiter le cheval et de perdre son temps. Le plus sage comme le plus court est de le faire changer de place avec un des autres chevaux de la voiture, celui qu'on voit mettre le plus d'ardeur à tirer. Ce cheval de flèche qui, un instant auparavant, refusait de marcher parce qu'il croyait être seul à entraîner la charge, tirera à plein collier, maintenant qu'il voit un compagnon et un aide devant lui.

Tout animal a de la mémoire, et l'on voit encore journellement des chevaux refuser d'avancer en approchant d'un endroit où ils ont été battus, dans la crainte d'y être de nouveau maltraités. Bien loin de les frapper, on ne viendra à bout de leur résistance qu'en leur parlant avec douceur, en les caressant, en les rassurant.

Cheval de renfort.

Si les propriétaires d'animaux de trait étaient tous sages et humains, les chevaux de renfort ne seraient pas nécessaires, car ils calculeraient toujours la charge de leurs voitures de manière à ce qu'elles pussent gravir sans efforts toutes les rampes qu'ils savent rencontrer sur leur route. Mais il n'en est malheureusement pas ainsi et la plupart des voitures sont déjà trop chargées pour une route unie et de niveau. Donc, lorsqu'une voiture lourdement chargée arrive au pied d'une rampe qu'elle doit franchir, il faut que le conducteur loue le nombre nécessaire de chevaux de renfort, s'il s'en trouve un établissement en cet endroit. S'il n'en existe pas, il s'informera des personnes qui, dans le voisinage ou dans les environs, possèdent des chevaux et peuvent lui en prêter ou lui en louer. Enfin, s'il ne peut s'en procurer, il fera mieux de déposer une partie de son chargement qu'il reviendrait chercher après avoir encore allégé sa voiture lorsqu'il serait arrivé au haut de la côte, plutôt que de tuer son attelage de fatigue, à moins qu'il ne se trouve sur une route assez fréquentée pour espérer, en attendant quelque temps, qu'un camarade de passage vienne lui prêter main forte.

Que de pauvres chevaux trop chargés sont ainsi chaque jour abîmés de fatigue, quand ils ne le sont pas encore par les coups, faute d'un cheval de renfort ! Combien de fois aussi un conducteur infidèle et malhonnête ne réclame-t-il pas à son maître le prix d'un cheval de renfort dont il ne s'est pas servi !

Le bon charretier ne peut être comparé à ces hommes sans cœur et sans délicatesse. Son bon raisonnement et sa pitié le porteront sans cesse à soulager les animaux dont les sueurs le font vivre, et sa probité l'empêchera toujours de commettre un vol aussi détestable.

Les établissements de chevaux de renfort demandent ici une mention spéciale. Le cheval de renfort, ceci tombe sous le sens, devrait être un cheval jeune, bien constitué, toujours prêt à rendre les services qu'on attend de lui. Au lieu de cela, que voit-on la plupart du temps? De pauvres bêtes chargées d'années, à l'œil terne, aux flancs creux, au poil usé par le harnais ou par les coups, aux jambes arquées et tournantes, ayant des javarts, des plaies souvent saignantes, de pauvres bêtes achetées quelquefois à l'équarrisseur qui, au lieu de les mettre à mort immédiatement, les abandonne encore à des bourreaux impitoyables. Ces malheureux chevaux mal nourris, surmenés, chargés de coups par d'abominables vauriens qui se font un jeu cruel de les martyriser, ces malheureux chevaux mangent et dorment en travaillant et meurent presque toujours sur les routes d'inanition, de douleur et d'épuisement. Il serait, par suite, très-rationnel de n'accorder la permission de tenir un établissement de chevaux de renfort qu'à des gens de bonne réputation qui auraient assez de ressources pour se soumettre à des conditions d'exploitation stipulées d'avance et pour l'exécution desquelles on exigerait un certain cautionnement. Cette mesure désirable au double point de vue de l'utilité et de l'humanité amènerait les meilleurs résultats.

Cheval qui tombe.

Lorsqu'un cheval tombe, il est évident qu'il ne le fait pas exprès. Tout animal a l'instinct de sa conservation et évitera tout ce qui pourra devenir pour lui une cause de douleur. Une inégalité de terrain, un caillou isolé, un pavé glissant, un corps gras ou humide et aussi l'état de fatigue ou de somnolence dans lequel il peut se trouver, suffiront

2.

pour causer sa chute. Le bon charretier se gardera bien, dans ce cas, de frapper son cheval. Ce serait de la cruauté et de la lâcheté d'ajouter des souffrances nouvelles au mal que le pauvre animal aurait pu se faire en tombant. Au contraire, il s'empressera de desserrer son collier et de lui enlever ses harnais en commençant par les traits et la dossière, mais il aura soin de laisser la bride au moyen de laquelle il fixera la tête du cheval pour que ce dernier ne la relève pas et ne se blesse pas en la laissant retomber lourdement sur le sol. Il dégagera autant que possible les limons en reculant ou en soulevant la voiture ou en déplaçant l'animal avec les plus grandes précautions. Alors, seulement, il l'excitera doucement à se relever en le maintenant et en le soutenant par la bride. Ensuite il regardera s'il n'est pas contusionné ou blessé. Puis il le rassurera en lui parlant, en le caressant ; il lui bassinera le front, les naseaux et la bouche ; il lui donnera à boire, ce qui le remettra tout à fait, et il ne l'attellera de nouveau qu'au bout de quelques instants. Si le cheval s'est fait quelques écorchures, il faudra laver délicatement les plaies pour en faire sortir le gravier et les ordures qui auraient pu s'y introduire, puis étendre sur ces plaies de la teinture d'aloès pour les faire sécher et fermer plus vite.

Cheval vicieux, cheval méchant.

L'animal, en général, n'est pas méchant ; il obéit à sa nature, à son instinct, à ses besoins, et si quelquefois il fait du mal, c'est sans préméditation, puisqu'il n'est pas doué de la faculté de réfléchir. L'homme seul, qui raisonne et qui sait très-bien faire la différence entre ce qui est bon et ce qui est mauvais, l'homme seul peut être et est souvent méchant.

Les animaux de trait peuvent être certainement rangés parmi les êtres les plus inoffensifs de la création. Aussi est-ce une lâcheté sans égale de profiter de cette douceur pour les battre, les faire souffrir, les martyriser. Tel qui s'acharne sur un pauvre cheval sans défense, n'oserait certes pas menacer un ours, un loup, ou saisir un chien, même un chat, pour leur faire du mal. Bien plus, si le cheval était en liberté, hésiterait-il encore avant de se livrer à ces actes barbares, parce qu'il craindrait que l'animal exaspéré ne se ruât sur lui pour se venger.

Le cheval n'est donc pas méchant. Cependant il peut être vicieux, c'est-à-dire avoir des tics, des habitudes comme celles de ruer ou de mordre. Mais le plus souvent cet animal ne rue et ne mord que parce qu'il a été longtemps en butte aux plus cruels traitements. En effet, un malheureux cheval toujours battu, dans un état permanent d'irritation et de souffrance, redoute son bourreau et le prend immanquablement en haine. Toujours sur la défensive, il est tout naturel qu'à l'approche de ce dernier, il lui lance des coups de pied et cherche à le mordre pour se garantir de ses brutalités. Quelquefois le misérable paie de sa vie les tortures qu'il a infligées à l'animal, et l'on doit reconnaître dans cette vengeance d'un pauvre être martyr la justice de Dieu qui permet qu'une si terrible leçon soit donnée de temps en temps aux méchants pour les effrayer, les faire rentrer en eux-mêmes et les porter à être plus humains.

Le bon charretier, lui, n'a rien à craindre de ses animaux ; ceux-ci, toujours bien traités, connaissent leur conducteur, lui sont attachés, obéissent à sa seule parole, au moindre signe, hennissent de joie quand ils l'entendent, le regardent avec de bons yeux et lui demandent des caresses. Ah ! c'est que le bon charretier est véritablement l'ami de ses animaux ; c'est qu'il redoute jusqu'à la pensée de leur faire du mal et qu'il en prend, au contraire, un soin extrême, c'est que son excellent cœur lui dit que torturer une créature est un acte abominable, une insulte au Créateur.

Colère, patience, douceur.

La colère est un vice détestable. L'homme enclin à cette funeste passion est le fléau de la société. Toujours grondant, toujours menaçant, il est redouté de sa famille, de ses voisins. Il exercera principalement ses violences sur les malheureux animaux qu'il possède ou qui lui sont confiés et qui, sous sa brutale domination, seront de véritables martyrs. Voyez ce charretier ignorant, violent et cruel, il est la terreur de ses animaux ; il est injuste envers eux ; il les fait travailler sans relâche et ne leur donne souvent qu'une nourriture insuffisante. Que les chevaux marchent vite ou lentement, dans la montée comme dans la descente, il les frappera machinalement, sans savoir pourquoi, si ce n'est pourtant la triste satisfaction de les dominer et de les faire souffrir : veut-il précipiter l'allure de ses chevaux, il frappera encore ; veut-il les faire arrêter, il frappera toujours. Une inégalité de terrain, une ornière, un sol glissant viennent-ils à se présenter, la lassitude des chevaux est-elle une cause d'arrêt, les pauvres animaux ahuris n'entendent-ils, ne comprennent-ils ou n'exécutent-ils pas un ordre donné quelquefois à contre-sens ou trop tard, le charretier jurant, blasphémant, ivre de colère quand il ne l'est pas de vin, coupera la peau de ses victimes à coups de fouet, les frappera sur la tête, sur le nez, sur le ventre, sur les jambes. Il ira du poing, du pied et ne s'arrêtera que vaincu par la fatigue. Ces coups redoublés donneront-ils aux pauvres chevaux la force, l'intelligence ou la finesse d'oreille qui leur manquent? Loin de là, ils seront effrayés, terrifiés, épuisés.

Le bon charretier ne se met jamais en colère. Il est calme, il est patient, il est bon. Il n'exige pas de ses animaux un travail au-dessus de leurs forces; il leur parle avec douceur, il les caresse. il leur répète un commandement autant de fois que cela est nécessaire pour que les chevaux le comprennent et l'exécutent, car cet homme doux et raisonnable sait très-bien que les animaux ne peuvent saisir instantanément les idées quelquefois confuses ou précipitées de leur conducteur, et que les frapper, dans ce cas, est un acte des plus injustes et des plus inhumains; s'il saisit les rênes, ce sera avec précaution et sans secousse afin de ne pas leur écorcher la bouche ni leur couper la langue. Il arrêtera ses animaux, les fera reposer, repartir, tourner, reculer, et cela sans impatience, sans bruit et sans les frapper. S'il les excite, ce sera très-légèrement et plutôt en faisant claquer le fouet dont le bruit seul suffit pour animer l'attelage.

Le bon charretier par sa modération, sa douceur, sa patience, rendra ses chevaux obéissants à la parole et obtiendra d'eux ce que n'en pourrait jamais tirer le charretier colère avec ses violences et sa cruauté. Honte donc à celui-ci et honneur, toujours honneur au charretier doux et compatissant.

Colliers, harnais, mors.

Le bon charretier portera toute son attention sur le bon état des colliers et des harnais ; il les graissera de temps en temps pour que les cuirs soient toujours souples et doux. Il rejettera tout collier trop petit qui pourrait serrer le cou de l'animal et empêcher la circulation du sang dans les veine jugulaires, ce qui lui causerait de la souffrance d'abord et amènerait ensuite des étourdissements et l'apoplexie.

Le bon charretier aura bien soin de visiter chaque jour la partie du collier qui s'applique sur le poitrail du cheval afin de voir s'il ne s'y trouve pas quelque aspérité, quelque boursouflure ou déchirure, quelque pointe de bois ou de fer qui puisse occasionner de la douleur à l'animal ou même le blesser. Que de fois on taxe de paresse ou d'entêtement un cheval qui ne refuse de marcher que par suite de la douleur que lui fait éprouver la pression d'un collier défectueux !

Il faut qu'un collier soit solide et surtout très-léger en même temps et que les parties qui s'appliquent sur le poitrail du cheval soient larges, unies et élastiques. La partie supérieure qui porte sur le cou de l'animal doit être aussi l'objet de la plus grande attention. Le collier, à cet endroit, doit être large et bien rembourré. Lorsque cette partie est étroite et dure, le poil de la crinière se coupe promptement, la peau est meurtrie, bientôt entamée, et le collier, s'enfonçant dans les chairs vives, fait endurer à la malheureuse bête un horrible supplice. Le bon charretier refusera toujours de faire travailler un animal dans ces affreuses conditions, et le propriétaire attentionné et compatissant n'attendra jamais que le mal arrive à ce point extrême. Aussitôt qu'il s'apercevra que le poil s'use, il fera réparer et regarnir le collier et, si quelquefois la peau était écorchée, il laisserait reposer le cheval jusqu'à l'entière fermeture de la plaie, après y avoir appliqué les remèdes nécessaires.

Généralement, après avoir bien lavé et nettoyé les plaies, on y applique de l'acide phénique ou l'on y étend de la teinture d'aloès, qui sont des médicaments antiputrides et desséchants.

Le harnais qui se pose sur les reins du cheval limonier doit être établi suivant la taille et la forme de l'animal. Il faut surtout qu'il soit bien rembourré. Trop grand ou trop petit, ce harnais produira des frottements ou des pressions qui, en peu de temps, meurtriront et entameront les chairs et causeront à la pauvre bête des douleurs atroces. Si l'on remarque qu'un harnais ne s'applique pas parfaitement sur le dos du cheval, il faut, en attendant sa réfection ou son remplacement, mettre entre lui et l'animal des morceaux d'étoffes de laine ou de coton pour garantir ce dernier et lui épargner des souffrances.

Les mors devront être aussi très-souvent examinés. Il faudra les nettoyer et les laver chaque jour et faire en sorte que leur surface soit toujours bien unie et bien douce. Un mors trop étroit, mal poli, rude, inégal, écorche les lèvres, la langue et les gencives du cheval, lui cause une souffrance de tous les instants et le rend tellement sensible, irritable, ombrageux qu'on ne peut l'approcher sans qu'il fasse des mouvements de tête désordonnés.

Écurie.

L'écurie doit être construite sur un sol sec, élevé. L'air doit y circuler librement. Les chevaux qui l'occupent doivent avoir un espace suffisant pour pouvoir se coucher et s'étendre. On fera bien de les séparer par des cloisons en bois afin d'éviter les accidents. Le sol doit être bien battu, pavé à chaux et à ciment, ou bitumé ou planchéié et un peu en pente afin que les urines puissent s'écouler facilement. La ventilation doit s'opérer par des fenêtres ou châssis pratiqués autant que possible dans le plafond afin que les chevaux ne se trouvent pas dans un courant d'air continu. Il faut faire en sorte que la température n'y soit pas trop élevée pour que le passage du chaud au froid, surtout l'hiver, n'apporte pas aux chevaux des maux de tête, des esquinancies, des rhumes ou morfondements, toujours douloureux, souvent dangereux. Les meilleures écuries sont celles qui sont voûtées ; la température s'y maintient toujours égale et les incendies sont moins à redouter. Il faut qu'une écurie soit toujours tenue très-proprement ; les vieux fumiers ne doivent pas être laissés sous les chevaux, et les toiles d'araignée doivent toujours être enlevées.

Éponge, seau.

Le bon charretier aura le soin, surtout l'été, de toujours emporter une éponge qu'il placera dans un seau accroché sous sa voiture. Ce seau lui servira pour faire boire ses animaux dans les endroits où il ne rencontrerait pas d'abreuvoir. Plusieurs fois par jour, quand il fera boire ses bêtes et aussi toutes les fois qu'il rencontrera une fontaine, un ruisseau, il humectera son éponge et leur bassinera les tempes, les naseaux et la bouche. Il leur lavera les yeux pour les débarrasser de la poussière et de la quantité de moucherons qui s'y attachent. Le cheval soigné de cette manière éprouvera une salutaire impression de fraîcheur qui le remettra de sa fatigue. Outre le bien-être procuré à l'animal par cette lotion, on éloigne aussi les étourdissements causés par la chaleur et les accidents qui en sont la suite.

Équilibre constant.

La manière de charger une voiture à deux roues est d'une importance capitale. Il faut que la charge soit parfaitement équilibrée, c'est-à-dire que le poids de l'arrière ne l'emporte pas sur le poids de l'avant et réciproquement; sans cette précaution, la fatigue et les souffrances du cheval limonier sont excessives et de graves accidents sont à redouter. On a vu des chevaux être enlevés et étranglés par leur collier, d'autres avoir les reins brisés par le poids de la charge. Il est donc très-nécessaire que le conducteur apporte tous ses soins au bon chargement de la voiture.

Lorsque ce chargement sera bien effectué, la voiture roulera sans peine sur une route unie et de niveau. Mais si une rampe se présente, le poids de la charge se reportant en arrière soulèvera le cheval limonier et lui retirera ainsi une partie de ses forces, en même temps que la sous-ventrière, comprimant ses poumons et son estomac, gênera sa respiration. Si, au contraire, on s'engage dans une pente, le poids de la charge viendra peser sur les reins de l'animal.

D'après cela, si le chargement de la voiture se compose de matériaux ou d'objets faciles à déplacer, tels que sacs, pavés, moellons, planches, bois à brûler, terre, sable, cailloux, etc., le charretier intelligent, dans le premier cas, portera en avant une petite partie de la charge et, au contraire, la rejettera en arrière dans le second cas. Une fois la voiture arrivée sur un terrain de niveau, il remettra les matériaux ou objets à leur place première.

Si la charge ne se prête pas à un déplacement facile, le charretier cherchera des pierres ou pavés en nombre suffisant et les placera, soit sur l'avant de la voiture, soit sur l'arrière, pour toujours maintenir l'équilibre et ne pas fatiguer le cheval.

Excitation, correction, coups, brutalités.

Ce chapitre n'est pas écrit pour le bon charretier, qui est incapable de faire le mal, mais il devait trouver sa place ici. Puisse sa lecture ramener à des sentiments plus humains les quelques maîtres et conducteurs barbares sous les yeux desquels il pourra tomber!

Le conducteur ignorant et grossier est cruel pour les animaux qu'il possède ou qui lui sont confiés. Il est l'effroi de ces pauvres bêtes dont il devrait être l'ami, de ces pauvres bêtes qui le font vivre et dont l'existence entre ses mains est un supplice de tous les instants, un martyre continuel. Le corps toujours courbaturé, les chairs et les muscles toujours endoloris bien plus encore par les coups que par le travail, quelque rude qu'il soit, ahuris, abrutis par les mauvais traitements de toutes sortes, brisés de souffrance, mourant quelquefois de faim, tel est le pitoyable état de beaucoup d'animaux de trait. Que d'actes révoltants se commettent ainsi tous les jours ! Qu'un cheval, quelquefois vieux, infirme, malade, soit arrêté par quelque obstacle, il est excité longuement et cruellement par son féroce conducteur qui, au lieu de se rendre compte des résistances à vaincre et des efforts utiles à faire, d'enlever une pierre, de combler une ornière, frappe, frappe jusqu'à ce que son bras soit fatigué et enlève ainsi à la malheureuse bête la force et le courage qu'il entend lui donner. Ah ! si la nature avait accordé au cheval, au mulet, à l'âne, au bœuf lui-même, la faculté d'exprimer leur douleur par des cris, l'homme le plus barbare aurait alors senti les fibres de son cœur s'agiter à ces accents déchirants et, à moins d'être foncièrement cruel, il serait devenu l'ami et le protecteur des êtres dont il est non-seulement le tyran, mais le bourreau. Non, les chevaux ne crient pas lorsqu'on les maltraite, lorsqu'on les torture, mais le charretier observateur et compatissant voit et sent, aux contractions de leur bouche, à leurs frémissements, à leur respiration bruyante ou saccadée, à leurs sourds mugissements et jusqu'aux larmes qu'ils ont parfois dans les yeux, les souffrances atroces qu'ils ressentent.

Les animaux de trait qui n'ont aucun intérêt à nous servir, qui pourraient se passer de nous si nous leur donnions la liberté, ont, par suite, malheureusement besoin d'être quelquefois excités pour exécuter les travaux auxquels nous les soumettons. Mais ces excitations doivent être raisonnées et exercées avec mesure et ne pas dépasser les limites prescrites par le bon sens et surtout par la pitié. C'est dans l'à-propos et dans la manière de commander, d'exciter et de châtier qu'on reconnaît le bon charretier.

Quand on veut faire démarrer un cheval, il ne faut pas le frapper à tort et à travers, ni surtout d'une manière continue, comme le font journellement des charretiers inintelligents et cruels. Il ne faut porter que des coups isolés et en attendre l'effet. La douleur aiguë d'un coup de fouet, au moment où il emploie toutes ses forces pour tirer, détruit sur-le-champ toute son action. Les jambes arc-boutées, les nerfs et les muscles tendus, le cheval allait peut-être d'un dernier coup de collier ébranler et entraîner la voiture. Surpris par la douleur, l'animal arrête son élan et tout est à recommencer. Il ne faut donc porter au cheval que des coups isolés ; dans l'intervalle, faire seulement claquer le fouet et, dans tous les cas, frapper toujours avec modération.

Lorsqu'un cheval reçoit un coup de fouet, il faut qu'il sache pourquoi. Pour cela, on ne doit l'exciter qu'après lui avoir répété deux ou trois fois le même commandement. C'est le seul moyen de le bien dresser. Agir autrement, c'est ahurir l'animal, le faire souffrir inutilement, le rendre vicieux, et pour le charretier c'est se fatiguer et perdre son temps.

Pour exciter un cheval, on ne doit se servir que de la lanière du fouet et ne frapper que modérément. Les coups de lanière ne doivent porter que sur la croupe ou sur les flancs et pas autre part. La douleur ainsi causée est très-aiguë et plus que suffisante pour obtenir ce qu'on exige de lui. Il faut bien se garder de fouetter l'animal au bas-ventre et aux parties naturelles, où la douleur est si atroce qu'elle paralyse immédiatement ses forces. Il ne faut pas non plus lui lancer des coups de fouet sur la tête pour le faire tourner à droite ou à gauche. C'est une excitation inutile et dangereuse, car on peut ainsi éborgner un cheval.

On ne doit jamais se servir du manche du fouet comme moyen d'excitation ou de correction. Le manche du fouet, comme le bâton, offense les chairs, les muscles et les nerfs, extravase le sang, rend douloureuses pendant plusieurs jours les parties atteintes et peut amener de graves désordres dans l'organisation. La sensation causée par le coup de lanière est, elle aussi, des plus intenses, mais au moins elle n'est que momentanée, offre moins de danger et suffit grandement pour faire comprendre au cheval ce qu'on attend de lui.

Il ne faut donc jamais frapper avec le manche du fouet ni sur la tête, ni sur le nez ni sur les mâchoires d'un animal qui, pour éviter le mal, se jettera à droite, à gauche, reculera, mais n'avancera pas. Il faut aussi bien se garder de le frapper sur les articulations, sur les jambes, sur le corps entre les côtes et la croupe, c'est-à-dire sur les reins, tous endroits des plus sensibles, tellement sensibles, qu'un animal ainsi atteint s'arrête souvent court sous l'impression de la douleur. On ne doit jamais non plus se servir du manche du fouet ou d'un bâton, comme d'un poinçon, et en porter des coups sur les flancs, sur la tête et sur la bouche. Ne voit-on pas tous les jours des hommes lâches et barbares lancer des coups de pied dans le ventre et dans l'estomac de leurs malheureuses bêtes, et quelques-uns de ces misérables n'ont-ils pas poussé la fureur et la cruauté jusqu'à les larder de coups de fourche ou de couteau !

Quelquefois l'animal, exaspéré par la souffrance, devient furieux et se venge en blessant ou en tuant son bourreau. C'est le cas de légitime défense.

Le bon charretier souffrira toujours lorsqu'il sera témoin de ces cruautés commises par des monstres qui ont une pierre à la place du cœur. Il fera tout son possible pour empêcher ces actes abominables et pour ramener à l'humanité et à la raison ces natures perverses. Dieu, qui pèse tout dans la balance de sa justice, lui tiendra compte de ses efforts et de son bon cœur.

Exercice.

L'exercice est nécessaire à la santé du cheval, mais un exercice modéré. Sans exercice, il devient malade, ne peut digérer ses aliments et ses membres se roidissent. D'autre part, un exercice trop prolongé, violent, lui est nuisible. Les principales maladies provenant d'un exercice outré sont la courbature, la fourbure, les tranchées et généralement toutes les maladies inflammatoires. Un cheval de trait bien construit, bien portant, marchant d'un pas lent, peut travailler cinq à six heures de suite, pourvu que la charge de la voiture ne soit pas au-dessus de ses forces et que la température ne soit pas trop élevée. Il est imprudent de se servir d'un cheval aussitôt après son repas, et l'on doit éviter de lui donner à manger immédiatement après l'exercice.

Fatigue, repos.

Le cheval, comme tous les êtres, a besoin de sommeil, de repos. Il en a d'autant plus besoin que le travail auquel on le soumet est continuel et bien souvent au-dessus de ses forces. Le cheval est donc toujours fatigué. Le court repos de la nuit ne suffit pas pour réparer les forces qu'il a dépensées pendant le jour. Il n'est malheureusement pas rare de voir des chevaux travailler plusieurs jours et plusieurs nuits de suite. C'est un acte d'inhumanité de la part des propriétaires; c'est de plus un faux calcul, car un cheval ainsi surmené est usé avant l'âge. Le bon charretier comprendra donc qu'il est humain et essentiel de laisser reposer son cheval, et il se basera sur cette règle reconnue et adoptée par un grand nombre de cultivateurs et d'industriels, qu'il faut donner aux animaux deux jours de repos par semaine.

Ferrure.

Faute d'un clou on perd le fer, faute d'un fer on perd le cheval, faute du cheval.....

Ce dicton, que bien des maréchaux paraissent ignorer, devrait être toujours présent à l'esprit du propriétaire et du conducteur de bêtes de trait. De la ferrure dépend la santé du cheval et aussi le service plus ou moins long qu'on attend de lui. Qu'un fer soit trop petit ou trop grand, que son épaisseur ne soit pas partout égale, ou que la corne du sabot n'ait pas été dressée de niveau ou d'aplomb, le cheval boitera, se fatiguera, souffrira et deviendra malade. Le maréchal de village qui n'a pas étudié, qui ne possède pour tout savoir que la routine, brûlera la corne, la râpera et façonnera le pied de l'animal pour le premier fer qui lui tombera sous la main, plutôt que d'en forger un spécial répondant à la conformation du sabot. Puis, c'est un clou mal dirigé faisant fendre la corne ou un clou trop enfoncé attaquant les parties vives, blessant le cheval, produisant des boiteries incurables ou des inflammations qui peuvent amener la mort. On le voit, d'une bonne ferrure, d'une ferrure raisonnée, dépendent le bien-être et la conservation du cheval.

Lorsque le sol se couvre de neige et de verglas, il faut immédiatement faire ferrer les chevaux à glace. Sans cette précaution, les plus graves accidents sont à redouter. Certains propriétaires ont la prudente habitude de conserver la ferrure à glace pendant tout l'hiver afin de n'être pas surpris inopinément par le mauvais temps. Quelquefois, suivant le degré de température, il arrive que la neige s'amasse et se tasse sous le fer du cheval entre les crampons, les clous et les rebords, forme une couche de la hauteur desdits crampons et en neutralise tout l'effet. Le charretier intelligent, pour obvier à cet inconvénient, aura toujours dans sa voiture un morceau de graisse commune avec lequel il frottera de temps en temps le dessous des fers et des sabots de ses chevaux. La neige ne pourra plus alors se fixer aux fers des animaux, et de grandes fatigues et de graves accidents seront évités par cette précaution si simple et d'une dépense presque nulle.

Fin du cheval. Équarrisseur.

Après une vie de misères et de souffrances, le cheval, s'il ne meurt pas d'épuisement sur la route, est fatalement réservé pour l'équarrisseur. Vers le clos d'équarrissage sont dirigées chaque jour de malheureuses bêtes décharnées, estropiées, poussives, aveugles, couvertes de plaies produites par les coups et le frottement des harnais. Ce spectacle serre le cœur et pourtant la mort, pour ces pauvres animaux, c'est la délivrance. Plût au ciel que, pour beaucoup d'entre eux, elle fût venue plus tôt! mais cette mort, la plupart du temps, est accompagnée des lentes tortures de la faim, de la fatigue et de la douleur sous toutes les formes.

Le propriétaire d'animaux de trait, pour peu que son cœur soit accessible à la pitié, ne voudra pas réserver une fin aussi atroce aux êtres qui lui auront rendu tant de services. S'il les vend à l'équarrisseur, il les nourrira jusqu'au dernier moment et exigera qu'ils soient mis à mort aussitôt leur arrivée au clos d'équarrissage. Bien plus, s'ils sont tellement faibles qu'il ne les suppose pas capables de fournir la course, il les fera abattre dans sa maison pour leur éviter cette dernière souffrance.

Mais un acte plus rationnel, plus humain et en même temps plus lucratif, serait de ne pas attendre que le cheval fût arrivé à cette dernière limite de l'épuisement et de le livrer à la consommation aussitôt qu'il commencerait à faiblir. Le sort du pauvre animal serait moins affreux, le propriétaire en retirerait plus d'argent et de pauvres familles se nourriraient de cette chair saine et réparatrice.

Force du cheval.

La force du cheval ne consiste pas précisément dans la vigueur ni dans l'ardeur dont il est doué. La force des animaux de trait réside principalement dans leur poids. Un petit cheval attelé à une lourde voiture ne pourra parvenir à démarrer malgré ses plus grands efforts. Ses sabots glisseront sur le sol et il dépensera ses forces en pure perte. S'il parvient enfin à ébranler la voiture, au bout de quelques pas il s'arrêtera épuisé. Pourquoi? Parce que le petit cheval est d'un poids trop faible et que ses pieds, n'ayant pas assez d'adhérence avec le sol, glissent sans pouvoir le faire avancer. Qu'un gros cheval soit mis à la place du petit, aurait-il moins de courage, aussitôt la scène change. A cause du poids du gros cheval, il s'établit un tel frottement, une telle adhérence entre ses pieds et le sol, que le glissement devient impossible et se trouve remplacé sans efforts par un mouvement en avant.

Le bon charretier se rappellera donc toujours qu'à lourdes charges il faut de lourds chevaux.

Insolation.

Il ne faut pas pendant l'été laisser les chevaux trop longtemps exposés au soleil, surtout près d'un mur où la chaleur accumulée devient insupportable. Les animaux peuvent ainsi recevoir un coup de soleil ou insolation et être frappés d'apoplexie, de vertigo ou tout au moins éprouver des maux de tête d'une violence extrême. Si l'on doit s'arrêter quelque temps, il faut donc toujours placer les chevaux à l'ombre autant que cela est possible et, si l'on ne peut les y mettre entièrement, protéger au moins leur tête de l'ardeur du soleil. Le charretier humain et prudent n'oubliera pas, tant que dureront les grandes chaleurs, de bassiner et de laver avec une éponge, et cela plusieurs fois par jour, le front, les tempes, les yeux, les naseaux et la bouche de ses animaux. Cette lotion répétée leur procurera du bien-être et du soulagement et les mettra à l'abri de graves accidents.

Jambe de force, frein, hausses.

Un grand nombre de voitures à deux roues sont munies sur le devant d'une jambe de force dont le but est de prévenir de graves accidents en empêchant le cheval limonier de s'abattre, s'il fait un faux pas. Il est à désirer que cette excellente mesure devienne générale et soit adoptée pour toutes les voitures à deux roues, grandes et petites. De cette manière, la chute de l'animal ne pouvant plus avoir lieu, l'intérêt du propriétaire et la responsabilité du conducteur seraient sauvegardés.

Pour certaines voitures destinées au transport de fardeaux pouvant glisser et changer de place, comme des blocs de pierre, par exemple, il serait même nécessaire d'établir une seconde jambe de force à l'arrière, pour éviter que, par suite d'un cahot et du déplacement subit du centre de gravité, le fardeau n'enlevât et n'étranglât le cheval en faisant basculer la voiture.

De même, des freins devraient être adaptés à toutes les voitures pour modérer, dans les pentes, leur rapidité toujours si dangereuse et soulager, par suite, le cheval limonier.

La puissance des freins doit être en proportion de la plus forte charge que peut supporter la voiture et, chaque fois qu'on se mettra en route, il faudra vérifier s'ils sont en bon état, car, si un frein venait à manquer dans une pente, il pourrait en résulter de très-graves accidents.

Le charretier prudent tiendra donc à ce que sa voiture soit munie d'une jambe de force et d'un frein, complétement nécessaire, indispensable de tout véhicule.

Toute voiture destinée à transporter des pierres, moellons, pavés, etc., devra toujours aussi être garnie à l'avant de hausses suffisamment élevées pour empêcher les matériaux de glisser et de tomber sur les reins et sur les jambes du cheval limonier.

Manière de parler et de commander aux chevaux et aussi de les conduire.

Le bon charretier ne commande à ses chevaux que lorsque cela est nécessaire, et il ne le fait toujours que d'une voix ordinaire, douce et ferme tout à la fois. Il se garde bien de crier et de hurler à leurs oreilles et surtout d'entremêler ses commandements, ce qui ahurit les chevaux, détruit les bons effets du premier dressage et ne produit aucun résultat satisfaisant. Bien au contraire, il leur parle avec douceur, les caresse souvent, et, s'il les excite, c'est modérément, avec calme, et seulement après leur avoir répété deux ou trois fois le même ordre.

Les chevaux comprennent parfaitement le sens et la valeur de certains mots et de certaines phrases qu'ils ont l'habitude d'entendre, et font d'eux-mêmes ce qu'on leur a fait exécuter en les prononçant.

Ils sentent très-bien, à l'inflexion de la voix

de leur conducteur, si celui-ci est satisfait ou non.

Les chevaux changent malheureusement trop souvent de main et ils ne peuvent, par suite, se plier et obéir instantanément à la voix, aux commandements, aux habitudes de leur nouveau maître. C'est à celui-ci à étudier ses animaux, à tirer parti de leur instinct, de leur intelligence et à les dresser à son tour avec douceur et avec patience. Un des meilleurs moyens de fixer la mémoire des chevaux est de leur donner un petit morceau de pain ou de sucre dont ils sont très-friands, toutes les fois qu'ils auront bien exécuté un mouvement qu'on leur aura commandé.

Ces animaux si intelligents qui, ainsi que le dit Buffon, se livrent sans réserve, servent de toutes leurs forces, s'excèdent et même meurent pour mieux obéir, sont sensibles aux bons traitements qu'on leur prodigue. Ils s'attachent à leur maître et lui obéissent à la parole. Le bon charretier sera donc toujours l'ami de ses chevaux, jamais leur tyran.

Lorsqu'on veut faire démarrer une voiture, il faut mettre les chevaux bien en ligne, puis prononcer le commandement en avant en faisant claquer le fouet en l'air. Si les chevaux ont donné en même temps leur coup de collier et que la voiture ne soit pas enlevée, il est inutile de recommencer et surtout de battre les malheureux animaux, qui ne peuvent faire davantage. Il faut employer d'autres moyens, caler tantôt une roue, tantôt l'autre, ce qui fait gagner du terrain et permet, à un moment donné, d'ébranler assez la voiture pour l'enlever.

Il ne faut exciter un cheval que par nécessité et ne jamais frapper celui qui donne tout son courage, toutes ses forces. On peut exciter les chevaux mous et lents, mais avec mesure, car alors on les épuise et l'on n'obtient plus rien d'eux.

Il y a des chevaux sensibles qui lancent des ruades chaque fois qu'ils reçoivent un coup de fouet sur la croupe ou sur les jambes de derrière. Le charretier prudent qui aura fait cette remarque ne les excitera qu'en les fouettant sur les flancs afin d'éviter qu'ils ne blessent les chevaux qui les suivent ou qu'ils ne se blessent eux-mêmes s'ils sont dans les limons.

On ne doit jamais frapper un animal qui refuse d'obéir avant d'en rechercher la cause, car le meilleur cheval, s'il est battu sans raison et mal dirigé, devient mauvais en peu de temps.

Lorsqu'on conduit un attelage de plusieurs chevaux, on doit toujours avoir deux guides pour le cheval de flèche afin de pouvoir le diriger à droite ou à gauche, si cela est nécessaire.

Enfin le charretier doit avoir la main légère pour les animaux qui ont la bouche sensible, et s'il a un cheval craintif, ombrageux, il doit lui épargner le bruit et les surprises.

Mouches, oreillettes, frottement et pression des harnais.

Pendant l'été les souffrances du cheval sont extrêmes. Outre la fatigue provenant du tirage et de la chaleur accablante, les taons qui le harcèlent et dont il ne peut se débarrasser lui font endurer un supplice de tous les instants.

Le bon charretier chassera, autant que possible, ces mouches importunes, et il y parviendra avec d'autant moins de peine que le cheval sera chaque jour étrillé, lavé et entretenu dans un état parfait de propreté.

L'usage des volettes ne saurait être trop recommandé. Par leur agitation continuelle, les nombreuses petites cordes pendantes qui entourent le cheval effrayent les mouches et les empêchent de se fixer. On peut encore mettre sous le ventre de l'animal un morceau de toile non tendue dont le mouvement amène à peu près les mêmes résultats.

C'est aussi une excellente habitude de protéger les oreilles du cheval par des oreillettes en étoffe légère afin d'interdire l'accès de ces organes aux mouches et aux autres insectes. Le chatouillement ou la piqûre par un insecte à cet endroit si sensible peut causer à l'animal une sensation telle qu'il s'emporte et cause les plus grands malheurs.

Cependant, il est un moyen beaucoup plus simple employé avec succès : à l'aide d'un pinceau, on introduit dans la conque de l'oreille des chevaux une ou deux gouttes d'huile de genévrier cade (matière tout à fait inoffensive); on répète l'opération chaque semaine, et jamais les mouches n'approchent même de la tête des animaux. Cinq centimes de cette huile par cheval suffisent pour une saison. En frottant légèrement en quelques endroits le poil des animaux avec ce même liniment, on met les attelages à l'abri de toutes les mouches. Par ce moyen, les oreillettes, où s'accumule parfois trop de chaleur, deviennent inutiles.

A cette époque de l'année, la peau de l'animal, toujours mouillée par la transpiration, est souvent écorchée par le frottement et la pression du collier, du harnais et des courroies. Les courroies de la têtière elles-mêmes finissent par mettre au vif la peau des joues et des pommettes. De là, pour la pauvre bête, une douleur continuelle, une douleur des plus aiguës qui l'oblige parfois à s'arrêter. Il faudra laver toutes les parties endolories, puis les graisser avec du suif ou du saindoux après les avoir bien essuyées. Il ne sera pas moins essentiel de graisser chaque jour les cuirs des colliers, harnais et courroies et de leur donner ainsi toute la souplesse nécessaire afin que l'animal souffre moins de leur pression et de leur frottement.

Nourriture, boisson.

La santé du cheval, les services qu'on attend de lui, dépendent des bons soins et de la nourriture qu'on lui donne. Cette nourriture doit être saine, abondante, régulière surtout. C'est une grande injustice et un faux calcul d'être parcimonieux vis-à-vis d'un pauvre être qu'on fait travailler souvent au delà de ses forces, et celui qui spécule, par des soustractions frauduleuses, sur ces pauvres serviteurs, commet un véritable crime.

Le bon charretier ne peut être confondu avec ces maîtres avares et ces employés infidèles. Il voit dans ses chevaux des compagnons de ses labeurs et ne veut pas qu'ils souffrent par suite du défaut de nourriture.

Il faut que le cheval qui doit faire une longue route ait, avant de partir, convenablement mangé et bu ; sinon, lorsqu'il arrive à destination, il se jette sur les aliments, les avale avec trop de précipitation et peut en éprouver de dangereux effets. L'avoine doit toujours être bien vannée afin qu'il ne s'y trouve ni pierres ni poussière, et il faut avoir le soin de bien balayer les mangeoires avant chaque repas.

Pendant les moments d'arrêt ou de stationnement dans les endroits où l'on ne trouve pas de mangeoires portatives, le repas des chevaux se fait dans les conditions les plus pénibles. L'animal, ayant la tête emprisonnée dans un sac souvent trop étroit, ne peut respirer librement et est tellement suffoqué par l'accumulation des vapeurs produites par la respiration qu'on a vu quelquefois l'asphyxie se produire. Les poussières inspirées qui se logent dans les fosses nasales et se déposent dans les poumons développent aussi des maladies incurables. De plus, la diminution croissante de l'avoine crée une nouvelle difficulté pour le cheval qui éprouve ainsi déception et mauvaise humeur. Pour obvier à ces graves inconvénients, un ami des animaux a inventé une musette en forme d'auge supportée par une armature s'appuyant sur le collier du cheval. L'usage n'en est malheureusement pas assez répandu. Mais les possesseurs d'animaux de trait qui ne pourraient se procurer ce commode appareil devront toujours avoir des sacs très-larges et percés de trous nombreux au-dessus du niveau de l'avoine, afin que la respiration des animaux ne soit pas gênée. En outre, ils auront le soin de placer leurs chevaux, autant que possible, près d'un banc, d'un bloc de pierre, d'un tas de sable, d'un talus de terre, ou leur apporteront une chaise, un tonneau ou tout autre objet pour que les animaux puissent appuyer leurs sacs et manger avec plus de facilité.

Les Américains ont, depuis quelque temps,

remplacé la musette-sac par une boîte posée sur trois pieds qui se replient de façon à tenir peu de place sur la voiture. Le problème se trouve ainsi heureusement résolu.

Le cheval qui travaille a besoin de boire souvent, et le charretier attentionné aura toujours, à cet effet, un seau accroché sous sa voiture pour s'en servir dans les endroits où l'animal ne pourra être abreuvé commodément. L'eau doit être de bonne qualité, mais il ne faut pas qu'elle soit trop froide si l'animal est en sueur; pour en corriger le froid et la crudité, on peut jeter et pétrir dans cette eau une ou deux poignées de son de froment ou de farine d'orge.

Il serait fort à désirer que dans tous les villages, et principalement dans ceux traversés par des routes fréquentées, des abreuvoirs fussent établis autant pour les chevaux et le bétail de la localité que pour tous les animaux de passage.

Il faut aussi se souvenir que les exercices, après les repas, occasionnent des indigestions qui font périr l'animal ou, au moins, lui donnent des tranchées qui le rendent très-malade.

Le foin doit être fin, tendre et d'une odeur agréable. Il faut le tenir en réserve dans un endroit très-sec. S'il commence à se décomposer et à répandre une odeur de moisi, il faut le secouer, l'éparpiller et l'arroser avec de l'eau salée, car il deviendrait dangereux pour la santé du cheval.

La paille, qu'on peut donner en nature ou hachée, mêlée avec de l'avoine ou du foin aussi haché, doit être jaune, mince et flexible. C'est un aliment très-nourrissant et très-sain.

L'avoine est de tous les aliments le plus nourrissant. Plus elle est pesante, plus elle est farineuse et plus elle renferme de principes nutritifs. L'avoine atteinte par l'humidité, non-seulement ne nourrit pas, mais peut rendre les animaux malades.

Le son se donne sec ou humecté. Ainsi que tous les autres aliments, il doit être bien conservé et peut, dans le cas contraire, être très-nuisible. Le son est une nourriture insuffisante pour les chevaux de fatigue.

Les aliments d'herbe fraîche sont nécessaires lorsque le cheval a le poil terne, de la chaleur et de la sécheresse dans la bouche, les crottins durs, les urines rares. Dans ce cas, on lui fait aussi manger avec avantage un mélange de son et de graine de lin sur lequel on a préalablement jeté un peu d'eau bouillante. Cette préparation, tout en nourrissant l'animal, le rafraîchit et détruit chez lui la constipation en peu de temps. L'herbe fraîche est contre-indiquée toutes les fois qu'il y a signes de débilité.

Le régime vert doit être rejeté quand on veut employer l'animal à un fort travail ou, au moins, l'herbe doit-elle être alternée avec des aliments secs et substantiels.

On fait prendre le vert au printemps et à l'automne, mais on doit attendre que l'herbe soit arrrivée à un certain degré de maturité.

Enfin, si l'on veut donner de l'activité à un cheval mou et lent, il faut, cela est reconnu sans être expliqué, ajouter de temps en temps à sa ration d'avoine une certaine quantité de féveroles concassées.

Pansement, soin à donner aux chevaux.

Le pansement est aussi nécessaire au cheval que la bonne nourriture. Tout cheval doit, chaque jour, être étrillé, peigné, brossé, épousseté, lavé. Par ce travail quotidien, la crasse est enlevée, les pores de la peau sont débouchés et la transpiration s'effectue dans les meilleures conditions. Sans ces précautions, la crasse qui s'amasse sur la peau cause à l'animal des démangeaisons qui peuvent dégénérer en gale. Le pansement doit être fait, autant que possible, hors de l'écurie, afin que l'animal ne respire pas la poussière de la crasse qu'on lui enlève.

Si le cheval est chatouilleux, il ne faut pas persister à se servir de l'étrille. On prend alors la brosse pour passer sur les os et auss sur la tête, en faisant bien attention de ne pas la passer sur les yeux.

A chaque coup de brosse, on doit en retirer la crasse avec l'étrille. Le toupet et la crinière seront brossés dessus et dessous. La crinière et la queue doivent être peignées avec précaution et le peigne sera toujours en bon état; ses dents ne seront ni cassées ni fendues, ce qui arracherait les crins. On peut, afin de le rendre plus coulant, graisser le peigne avec un peu d'huile. Si la queue est sale, il faut la laver à l'eau pure et, au besoin, avec du savon noir. Enfin, après avoir bien essuyé le cheval, on le couvre afin qu'il ne se refroidisse pas.

En été, les bains sont favorables à la santé des animaux, mais on ne doit les y conduire qu'avant le repas ou longtemps après. Il faut aussi bien se garder de faire entrer dans l'eau un cheval qui est en sueur; on doit attendre qu'il soit bien ressuyé, sinon de très-graves accidents sont à craindre.

La santé et la conservation du cheval dépendent donc des bons soins qu'on lui donne.

Pari.

Certains charretiers placent leur orgueil dans la force de leur cheval et se vantent à tout moment de lui avoir fait porter ou traîner telle ou telle charge, charge excessive bien entendu, et hors de proportion avec les forces de l'animal. Toujours prêts à prouver ce qu'ils avancent et cherchant continuellement cette occasion, ils parient avec des êtres aussi sots qu'eux que leur cheval exécutera le tour de force en question. L'enjeu consiste naturellement dans un ou plusieurs litres de vin, car c'est au cabaret que s'engagent généralement et que se terminent toujours ces sortes de défis. Le pari a lieu, la bête est épuisée, quelquefois blessée, mais le vin est bu. C'est une bravade inutile et dangereuse, en même temps qu'un acte d'inhumanité envers le cheval. Il s'ensuit souvent un grave accident, un chômage, une perte d'argent.

Le bon charretier qui est sage et humain prend en pitié toutes ces sottises et ne se livre jamais à ces jeux aussi stupides que barbares.

Il en est de même de ces luttes de vitesse, luttes insensées qui fatiguent et exposent le cheval et peuvent causer les plus grands malheurs, soit qu'on accroche d'autres voitures, soit qu'on renverse et qu'on écrase des personnes qui ne pourraient se garer assez vite.

Pioche.

Il arrive souvent qu'une voiture est arrêtée dans un chemin de traverse ou sur le bas-côté d'une route par une simple dépression de terrain, par une ornière un peu profonde. Si le charretier est privé de tout secours, il perdra un temps considérable et ne se tirera de ce mauvais pas, si toutefois il peut s'en tirer, qu'en épuisant ses chevaux de fatigue.

Il faut souvent bien peu de chose pour aider les chevaux à démarrer. Enlever un peu de terre au-devant de la roue pour rendre la pente plus douce, combler l'ornière un peu plus loin, ramener quelques cailloux, etc. C'est pour cela que tout charretier intelligent devra toujours avoir dans sa voiture une petite pioche qui l'aidera à sortir d'embarras sans perte de temps et sans trop de fatigue pour lui et ses animaux.

Qualités du bon charretier.

Les principales qualités du bon charretier sont la compassion, la patience, la prudence, le sang-froid, l'attention, l'obligeance, la sobriété. Si, avec cela, il est intelligent et doué d'un raisonnement juste, il sera un charretier accompli.

Par sa compassion et sa patience, il sera l'ami de ses animaux. Par sa prudence et son sang-froid, par son attention, il évitera les accidents. Son caractère obligeant le portera à venir en aide à ses camarades dans l'embarras, et sa sobriété le mettra à l'abri des agitations et des mauvais sentiments que fait naître l'intempérance. Enfin, s'il est intelligent et raisonnable, il se tirera toujours à son avantage et au profit de ses chevaux de toutes les positions difficiles.

Le bon charretier se distingue toujours par sa bonne tenue, il est aussi propre que possible, c'est-à-dire autant que le comporte la nature des matières qu'il transporte. Il ne crie point, il ne prononce aucune parole grossière, il ne jure jamais; il ne fait pas claquer son fouet inutilement et par plaisir pour ne pas troubler les habitants des localités qu'il traverse, et il fait surtout bien attention de ne pas atteindre les passants.

Rampe, pente.

Lorsqu'il gravit une rampe un peu longue, le bon charretier doit faire reposer ses chevaux de distance en distance, soit en calant les roues de la voiture, soit en la mettant en travers de la route. A chaque arrêt, il restera assez de temps pour que les chevaux puissent reprendre haleine. Sans cette précaution, outre la fatigue occasionnée aux pauvres bêtes, des accidents sont à craindre.

Si la rampe est rapide, la charge lourde ou le cheval faible et qu'il ne puisse se procurer du renfort, il gravira cette pente en louvoyant, c'est-à-dire en traçant des zigzags, afin de rendre la pente moins sensible.

Si, malgré ces précautions, le cheval se trouve hors d'état de continuer à monter, c'est que la charge à entraîner est au-dessus de ses forces. Il faut souvent bien peu d'efforts pour aider l'animal à démarrer. Alors, plutôt que de le frapper sans raison et afin de lui épargner des fatigues et des souffrances inutiles, le charretier intelligent et compatissant poussera sa voiture et priera les passants de vouloir bien pousser un peu avec lui, service qui ne se refuse jamais.

Avant de gravir une rampe, il faut, si cela est possible, reporter une partie de la charge en avant dans la crainte que le poids de l'arrière, ne venant à l'emporter sur le poids du devant, ne soulève le cheval par le moyen des brancards et de la sous-ventrière et ne lui ôte la force dont il a entièrement besoin en détruisant tout l'effet résultant de sa pesanteur et de son adhérence au sol. Il est utile, dans ce cas, de détacher la chambrière de l'arrière qui peut, bien qu'elle soit libre et non assujettie comme l'est une jambe de force, empêcher la voiture de basculer. Dans une pente, au contraire, il faut, après avoir placé les autres chevaux derrière la voiture pour la retenir, reporter une partie du chargement en arrière afin que le poids entier de ce chargement ne vienne pas peser sur les reins du cheval, qui n'a pas trop de toutes ses forces pour résister à la poussée de la voiture. Toute négligence à cet égard peut amener les plus graves accidents et l'on doit redouter tout faux pas du cheval limonier. Aussi le charretier doit-il se tenir constamment à la tête de son cheval, afin de le guider de manière à ce qu'il ne mette pas le pied sur un caillou qui, en roulant, pourrait le faire tomber.

Le charretier prudent et qui raisonne se gardera bien, dans les pentes, de frapper son cheval. Une frayeur ou une douleur subite peut causer la chute de l'animal, qui du reste, dans ce cas, n'a pas besoin d'être stimulé, la nature lui ayant donné, comme à tous les êtres, l'instinct de la conservation et l'appréhension du danger. Il sent bien que, s'il descendait trop vite, il ne pourrait plus s'arrêter et que, s'il tombait, il se ferait du mal et, par suite, il sait mieux que son conducteur, quelque habile que soit ce dernier, ce qu'il faut dépenser d'efforts et opposer de résistance pour arriver sans encombre au bas de la pente dans laquelle il est engagé.

Le charretier vigilant, au bas de cette pente, s'empressera de desserrer les freins afin d'épargner à son cheval toute fatigue inutile.

Respiration, souffle, essoufflement.

Quand un cheval chargé gravit une rampe longue ou rapide, il est obligé de s'arrêter de temps en temps pour reprendre haleine et refaire ses forces. Chaque fois, le charretier devra laisser reposer l'animal et ne le faire repartir que lorsque l'essoufflement aura complétement cessé. L'épuisement du cheval ne consiste pas seulement dans la fatigue des jambes ; il a aussi pour cause principale le jeu trop accéléré des poumons. Beaucoup de conducteurs, qui ne raisonnent point et qui voudraient franchir une côte d'un seul trait, mettent sur le compte de la paresse la difficulté qu'éprouve le cheval à tirer la voiture, et si, haletant, suffoqué et tremblant sur ses jambes, l'animal vient à s'arrêter, ils le frappent violemment et avec colère et l'affaiblissent encore davantage. Puis, sans lui donner le temps de reprendre sa respiration, ils le forcent, en l'excitant cruellement, à gravir cette côte au sommet de laquelle il arrive dans le plus triste état.

Le cheval ainsi surmené peut gagner une maladie très-grave, pouvant quelquefois amener la mort. Il y a là une acte inhumain et déraisonnable et le bon charretier qui est soucieux de la santé de ses attelages et qui n'a qu'une pensée, celle de leur éviter toute peine inutile, fera en sorte de leur épargner la souffrance qui résulte d'un exercice violent trop prolongé. Sur une route de niveau et surtout sur les rampes, il s'arrêtera autant de fois et autant de temps qu'il le jugera nécessaire pour que ses chevaux puissent souffler et reprendre de nouvelles forces.

Le bon charretier connaît le proverbe : Qui va doucement va longtemps, et il se rappellera qu'on perd toujours de la force en gagnant de la vitesse, et qu'il est matériellement impossible d'obtenir force et vitesse en même temps.

Routes, chemins.

La prospérité d'un pays dépend du bon état de ses voies de communication. On ne saurait trop s'arrêter sur cette question capitale de l'entretien des routes et des chemins vicinaux et communaux. L'argent employé de cette manière est un argent bien placé. « Dépenser une couple de cent francs à pro- « pos sur un chemin, disait l'illustre Mathieu « de Dombasle, fait souvent gagner mille « écus dans l'année. » En effet, outre les accidents qu'occasionnent une route mal pavée, un chemin défoncé et rempli d'ornières, les chevaux les plus robustes et ceux de limon principalement sont épuisés en peu de temps. Les chocs répétés amènent l'usure ou le bris des harnais et aussi la prompte destruction des véhicules. Il faut de plus très-souvent augmenter les attelages, et l'on peut ainsi calculer tout le détriment causé à la culture et à l'industrie par des voies de communication mal entretenues ou abandonnées.

Lorsqu'une route est macadamisée, on ne doit pas attendre qu'elle se défonce et, lorsque les ornières commencent à se creuser, il faut, par un temps sec, les remplir de cailloux concassés qui forment peu à peu une surface solide sur laquelle le roulage s'effectue avec facilité.

Si la route est pavée, il faut de temps en temps faire une recherche, relever les pavés enfoncés et remplacer ceux qui sont brisés ou qui manquent.

L'État, les départements et les communes doivent donc s'appliquer à toujours bien entretenir les routes et les chemins. Je le répète, la richesse d'un pays est en raison de sa bonne viabilité. Il ne faut jamais sur ce point si important regarder à la dépense. Il n'y en a pas de plus utile, de plus productive.

Signes de malaise, de souffrance et de maladie.

Le bon charretier doit être quelque peu vétérinaire pour pouvoir se rendre compte de l'état de santé de ses animaux.

Lorsqu'un cheval est morne et triste, qu'il perd l'appétit, que sa bouche est chaude et sèche, que son ventre se rétrécit, que son poil est terne et hérissé, que les crottins sont durs, que les urines sont rares ou bien que les excréments sont liquides, d'une odeur fétide et composés d'aliments non digérés, on peut être assuré que ce cheval est malade.

Le mal de tête, parfois si violent chez les chevaux, se reconnaît à leur tête baissée, à l'œil enflammé, au front chaud, aux frissons.

Aussitôt qu'il aura reconnu tel ou tel de ces symptômes, le bon charretier ramènera immédiatement son cheval à l'écurie, le laissera reposer et lui administrera les remèdes que le vétérinaire lui prescrira.

Ce serait un acte inqualifiable d'inhumanité de continuer à faire travailler un animal malade ou même souffrant.

Sous-ventrière.

Une des parties du harnais qui doit fixer l'attention du possesseur et du conducteur d'animaux de trait est la sous-ventrière. Celle-ci est souvent trop étroite, tellement étroite quelquefois que, sur les rampes, lorsque le poids de la charge se porte en arrière elle disparaît presque entièrement dans le sillon qu'elle creuse sous le ventre du cheval. Cette sous-ventrière produit alors l'effet d'une ligature ; elle empêche le sang de circuler et gêne la respiration de l'animal, lui cause de la douleur et lui enlève toute sa force. L'humanité, la prudence et un intérêt bien compris exigent que les sous-ventrières soient toujours très-larges afin que, la circulation du sang et la respiration n'étant plus entravées, le cheval ne souffre pas et soit à l'abri de tout accident. C'est aussi une excellente habitude de garnir le dessus de la sous-ventrière d'une bande de peau de mouton afin d'éviter à l'animal tout frottement douloureux.

Surcharge.

La surcharge est la cause principale, ou, du moins, la plus ordinaire des mauvais traitements journellement infligés aux malheureux chevaux. Que de souffrances renfermées dans ce mot : la surcharge !!! A combien d'actes injustes et cruels ne donne-t-elle pas lieu ! Quoi de plus barbare, en effet, que de frapper sans merci de pauvres animaux succombant sous une charge trop lourde, pour les forcer par l'excès de la douleur à exécuter des travaux au-dessus de leurs forces ! Ne voit-on pas tous les jours engagées et arrêtées sur les rampes des voitures déjà trop chargées pour une route unie et de niveau, des chevaux exténués, haletants, ruisselants de sueur, quelquefois de sang !

Le bon charretier qui possède la raison et un bon cœur ne surchargera jamais ses chevaux. Il calculera la charge eu égard à la contrée qu'il doit parcourir et, pour cela, il se rendra compte de l'état des routes, des rampes à gravir, de tous les accidents de terrain et passages difficiles. Il tiendra aussi compte de l'état de l'atmosphère, de la chaleur qui, en été, accable les animaux et leur ôte une partie de leur vigueur ; du froid qui, en hiver, produisant la neige et le verglas, rend le pavé glissant ; de l'humidité qui, en tout temps, détrempe le chemin et rend le roulage si difficile.

Le bon charretier sait par expérience ce que son cheval peut entraîner. Le poids une fois connu, la raison et l'humanité exigent que ce poids ne soit jamais dépassé. Bien plus, la charge doit être diminuée graduellement à mesure que le cheval avance en âge et perd naturellement de ses forces. On reconnaît qu'un cheval n'est pas surchargé, lorsqu'il peut tirer son fardeau en penchant son corps un peu en avant et en posant ses pieds à plat. Du moment qu'un cheval est obilgé de faire des efforts et d'arc-bouter continuellement ses jambes et ses sabots, on peut affirmer qu'il est surchargé.

Dans les fouilles, par exemple, où les rampes de sortie sont généralement beaucoup trop rapides, souvent établies sur un sol humide et glissant, et où les chevaux sont toujours surchargés, il serait plus humain, plus rationnel et plus lucratif de ne faire sortir des excavations que des voitures à moitié pleines qu'on remplirait ensuite avec les terres ou matériaux préalablement apportés de la même façon et amassés au sommet des rampes. Non-seulement, en employant ce moyen, les pauvres bêtes seraient plus ménagées et capables, par conséquent, d'un plus long service, mais il y aurait encore économie de temps et moins de fatigue et d'ennui pour le conducteur.

Souvent un cheval surchargé qui sent son impuissance se bute et se refuse à faire le moindre effort, malgré les plus vives excitations. Persister dans ce cas à vouloir faire avancer l'animal, est un acte injuste et inhumain. La seule chose à faire est d'ajouter un cheval à l'attelage, ou, si l'on ne peut s'en procurer, de diminuer la charge de la voiture.

Je le répète, le bon charretier ne surchargera jamais ses animaux. En agissant ainsi, il accomplira, d'une part, un grand acte d'humanité, et résoudra, d'autre part, une importante question d'intérêt. De cette manière, le cheval âgé ou de complexion faible sera toujours à l'abri de fatigues inouïes et de traitements barbares.

Honte donc à l'homme sans pitié qui surcharge ses animaux et exige de ces pauvres êtres un travail au-dessus de leurs forces!

Tourner trop court.

Il faut bien se garder de faire tourner trop court, c'est-à-dire trop brusquement une voiture attelée de plusieurs chevaux et surtout avant d'avoir prononcé le commandement à droite ou à gauche, car le cheval limonier, surpris à l'improviste et ne pouvant suivre le mouvement imprimé par le tirage subit des premiers chevaux, peut faire un faux pas, tomber et se blesser grièvement.

Traction.
Mise en mouvement des véhicules.

La mise en mouvement d'une voiture pesamment chargée exige toujours du cheval ou des chevaux qui y sont attelés des efforts considérables et des coups de collier fatigants et douloureux qui épuisent les animaux. On a trouvé le moyen de remédier à ces graves inconvénients en adaptant aux traits des ressorts analogues à ceux qui atténuent les chocs entre les wagons de chemins de fer. Ces petits appareils consistent en un certain nombre de disques en caoutchouc alternant avec des disques d'acier percés au centre. Ces disques sont renfermés dans une boîte cylindrique en fonte légère longue d'environ trente centimètres et reliés entre eux par une tige qui les traverse. A cette tige vient s'adapter le trait du cheval ou le palonnier de la voiture suivant l'espèce de véhicule. On conçoit d'après cela que, lorsque le trait, par l'effort d'un tirage subit, se tendra brusquement, au lieu d'un choc qui peut tout briser et d'une pression violente et douloureuse du collier sur le poitrail de l'animal, il y aura un choc très-amorti qui ménagera le cheval et les harnais. Ces petits appareils, qu'on peut se procurer à peu de frais, sont employés avec succès par certains propriétaires soucieux de la santé et de la conservation de leurs attelages.

Leur usage tend à se répandre, et il est à désirer qu'il devienne général, résolvant ainsi cette double question d'humanité et d'intérêt public et privé.

On obtient encore le même résultat en adaptant, comme palonnier, à l'avant des véhicules, quels qu'ils soient, un ressort ordinaire de voiture solidement fixé par le milieu et dont la force est en proportion de la charge à entraîner. Rien n'est changé dans les harnais des chevaux, si ce n'est que les chaînes ou courroies d'attelage sont accrochées aux deux extrémités du ressort.

Transpiration.

Le bon charretier, lorsqu'il sera forcé de s'arrêter, ne placera jamais son cheval dans un courant d'air, comme, par exemple, à l'encoignure de deux rues ou sous un passage de porte cochère. La suppression subite de la sueur, si le cheval transpire — et un cheval qui travaille transpire toujours plus ou moins — peut immédiatement amener des désordres dans l'organisation et causer une fourbure, un morfondement, une pleurésie, une fièvre, un mal de tête, etc. Il ne faut pas, autant que possible, que le cheval ait le nez au vent, et la voiture doit être tournée de façon à le garantir du courant d'air. Tout charretier attentionné se munira toujours d'une couverture, de morceaux d'une étoffe quelconque, de laine principalement, ou de vieux sacs, afin d'en couvrir les reins et la croupe de l'animal pendant les moments d'arrêt.

Voitures à deux et à quatre roues. Charrettes et chariots.

Dans la construction de toute voiture, on doit toujours allier la légèreté à la solidité. Les jantes des roues doivent être d'une largeur suffisante. Si elles sont trop étroites, elles s'enfoncent dans le sol et offrent ainsi une résistance de plus au roulage.

Tout charretier se rappellera que les véhicules dont les roues ont un petit diamètre demandent plus de tirage que ceux qui ont des roues plus grandes. Ainsi, à charge égale, tandis qu'un camion exigera l'emploi de trois chevaux, par exemple, il en faudra seulement deux pour entraîner une charrette.

La charrette a l'avantage sur le chariot de pouvoir passer par tous les chemins. Elle exige moins de tirage, il est vrai, mais elle a l'inconvénient de fatiguer et d'user promptement le cheval limonier par suite des secousses, des chocs continuels, que subit le pauvre animal.

Sur une bonne route, le chariot est toujours préférable au point de vue des souffrances du cheval de limons.

La marche sur le pavé, où le pied du cheval n'est jamais d'aplomb, fatigue l'animal beaucoup plus que s'il marchait sur une route ferrée toujours unie. Cependant, une fois la voiture enlevée, le tirage s'effectue mieux sur le pavé où, comme dit le proverbe, un cahot chasse l'autre.

Lorsque la route est par trop unie et trop dure, par suite glissante, ce qui arrive souvent l'hiver à cause de l'humidité ou d'un léger verglas, il suffit de jeter quelques pelletées de terre ou mieux de sable sous les pieds des chevaux pour les aider à démarrer, et en même temps, si la route monte, sur le passage des roues, afin de donner à celles-ci plus d'adhérence avec le sol et de diminuer ainsi l'action de la pesanteur qui tend à emporter la voiture en arrière.

Voitures qui se suivent.

Lorsque deux voitures se suivent, beaucoup de charretiers, pour avoir moins de surveillance à déployer, attachent la bride du cheval de la deuxième voiture à l'arrière de la première. C'est une faute, car, si la première voiture est traînée par plusieurs chevaux ou si, n'ayant qu'un seul cheval, elle est moins chargée que la seconde, le malheureux cheval de cette seconde voiture est obligé de dépenser toutes ses forces pour suivre le mouvement afin d'éviter la douleur produite par le tirage brusque ou continu du mors qui lui déchire la bouche et le blesserait d'une façon fort grave s'il venait à faire un faux pas.

Ce n'est donc jamais à l'anneau du mors, mais bien à l'anneau ou à une des courroies de la têtière que doit être fixée la longe ou la corde qui rattache un cheval de deuxième voiture. Il faut de plus que cette longe ou corde soit assez faible pour se rompre immédiatement si le cheval tombait ou s'il ne pouvait avancer assez vite, afin de lui épargner souffrances et blessures.

Il est également rationnel, lorsque deux ou plusieurs voitures se suivent, de faire marcher en tête la plus lourde ou celle tirée, soit par un seul cheval, soit par le plus petit nombre de chevaux, soit par les plus faibles chevaux. C'est malheureusement presque toujours le contraire qui a lieu.

Quelquefois, pour soulager le cheval d'une seconde voiture, on réunit les limons de cette voiture à la première au moyen d'une corde ou d'une chaîne. C'est une excellente habitude, mais qui exige beaucoup d'attention, car il faut arrêter immédiatement les chevaux de la première voiture, si le cheval de la seconde venait par hasard à s'abattre, pour qu'il ne soit pas traîné sur la route et déchiré par les aspérités des pavés ou des cailloux.

Tout charretier fera son profit de ces trois observations.

Loi Grammont contre les mauvais traitements exercés sur les animaux domestiques.

Dieu a permis que certains animaux fussent placés sous la domination de l'homme, mais il n'a pas voulu que ce dernier abusât de sa force, surtout à l'égard de ceux qui sont les plus doux et les plus inoffensifs. Le législateur a donc été inspiré d'en haut lorsque, pour rappeler l'homme méchant à des sentiments de douceur, de compassion et de justice et en même temps au soin de ses propres intérêts, il a édicté la loi contre les mauvais traitements exercés sur les animaux domestiques.

Cette loi ne s'applique pas seulement aux chevaux et autres bêtes de trait, mais à tous les autres animaux domestiques. Elle protége donc contre les cruautés et les brutalités des méchants les chevaux, mulets, ânes, bœufs, vaches, moutons, chèvres, porcs, chiens, chats, lapins, pigeons, volailles et tous oiseaux de volière et de basse-cour.

La loi punit donc tous les actes de violence et de cruauté et tous les mauvais traitements. Voilà une nomenclature de quelques-uns de ces actes coupables :

Les blessures faites volontairement.

Les coups violents répétés, parmi lesquels il faut comprendre ceux qui sont donnés avec le pied ou avec le manche du fouet, avec un bâton ou tout autre instrument contondant, tranchant ou pointu.

Le chargement ou le travail excessif.

La privation de nourriture pendant les transports opérés par les chemins de fer ou de toute autre manière.

Le travail des animaux blessés et le fait de poser le harnais sur des blessures ou des plaies vives.

Le fait de chercher, en les frappant brutalement, à faire relever les animaux qui se sont abattus sous la charge au lieu de les dételer et de les alléger de leur fardeau.

L'abandon sur la voie publique des animaux malades ou blessés.

Le transport, dans des voitures, d'animaux de boucherie dont les pieds sont liés et la tête pendante hors de la voiture.

Le jet violent de ces mêmes animaux les uns sur les autres ou à terre.

L'entassement dans des paniers ou des voitures d'animaux destinés à l'alimentation publique, toutes les fois que ce mode de transport expose, sans nécessité, ces animaux à des souffrances.

Le fait de donner la mort à un animal domestique sans raison et sans nécessité, par méchanceté ou violence.

Aveugler des quadrupèdes et des oiseaux, plumer des volatiles encore vivants, écorcher des lapins ou écailler des poissons avant qu'ils aient été tués, sont aussi des faits punissables.

L'équarrisseur qui soumet pendant un ou plusieurs jours à l'agonie de la faim et du froid les animaux qui lui sont amenés au lieu de les abattre par les procédés expéditifs usités en pareil cas, se rend aussi coupable de mauvais traitements.

Les pénalités de la loi protectrice pour le fait de mauvais traitements consistent dans une amende d'un à quinze francs et d'un emprisonnement d'un à cinq jours.

Le Code pénal, d'autre part, punit d'une amende qui peut atteindre trois cents francs et d'un emprisonnement qui peut s'étendre jusqu'à cinq ans, tout individu qui empoisonne, blesse ou tue, sans nécessité et avec préméditation, un animal domestique appartenant à autrui.

Le bon charretier n'a pas à se préoccuper de cette loi. Son excellent cœur lui dit qu'elle n'a pas été faite à son intention. Seuls, les êtres pervers et cruels contre qui elle a été établie doivent en redouter la sévérité.

FIN.

SOCIÉTÉ PROTECTRICE

DES

ANIMAUX

A PARIS

fondée en 1845

RECONNUE COMME ÉTABLISSEMENT D'UTILITÉ PUBLIQUE
PAR DÉCRET DU 22 DÉCEMBRE 1860.

But et travaux de la Société protectrice des animaux.

Les principes et le but de la Société protectrice des animaux sont résumés dans les quatre mots de sa devise : JUSTICE, COMPASSION, HYGIÈNE, MORALE.

Elle provoque, encourage et tente de réaliser toutes les mesures capables de soustraire les animaux à de mauvais traitements, tout ce qui peut améliorer les conditions de leur travail industriel ou agricole. Elle s'efforce d'assurer la conservation des espèces utiles, en vulgarisant des notions exactes sur le rôle qu'elles remplissent dans la nature. Enfin elle s'occupe de tout ce qui concerne l'hygiène et le transport du bétail, et elle étudie toutes les questions relatives aux maladies épizootiques.

Elle contribue donc à l'accroissement de la fortune

publique; en même temps elle rappelle à l'homme qu'il ne doit exercer qu'avec douceur l'empire que sa supériorité intellectuelle lui donne sur toute la création.

Ces doctrines ne sont point l'expression d'une sensibilité exagérée, mais une extension de l'esprit de justice à l'égard des animaux. Parmi ceux-ci un grand nombre travaillent pour l'homme, soit en transportant des fardeaux, soit en labourant le sol, soit en faisant mouvoir des machines; d'autres gardent ses troupeaux ou sa demeure; d'autres enfin servent à son alimentation ou lui fournissent la matière de ses vêtements.

Les Sociétés protectrices ne méconnaissent point le droit de l'homme de faire servir les animaux à ses besoins; mais elles enseignent à n'user de ce droit qu'avec prudence et modération, et à n'infliger à ces auxiliaires aucun mauvais traitement abusif; enfin elles nous conduisent à étudier les lois de la nature, pour seconder son action bienfaisante au lieu de lutter contre elle.

Ces doctrines, qui obtiennent aujourd'hui dans le monde entier un succès toujours croissant, témoignent incontestablement d'un nouveau progrès de la civilisation.

La prospérité agricole et industrielle d'un pays est intéressée à ce que les animaux domestiques ne soient pas en butte à des violences ou à des sévices, et à ce que certaines espèces utiles ne soient pas détruites pour satisfaire un instinct de destruction ou de gourmandise.

Par l'effet d'une nourriture convenable, d'une habitation salubre, et surtout de bons traitements, les bêtes de somme ou de trait deviennent plus intelligentes, la beauté de leurs formes se développe ainsi que leur force, leur docilité devient plus grande, la durée de leur vie augmente, et l'ensemble des services qu'elles rendent est par conséquent plus considérable.

Les animaux destinés à la boucherie sont souvent maltraités: le bâton du *toucheur* est parfois plus cruel pour eux que le couteau du boucher. Il peut résulter de ces mauvais traitements une diminution de poids, qui cause au commerce un préjudice notable, et une altération de la qualité de la viande qui devient, pour la santé publique, un véritable danger.

Quant à certains animaux utiles, tels que les oiseaux qui se nourrissent d'insectes et autres petits animaux nuisibles, la chauve-souris, le hérisson, le crapaud, on les détruit, pour la plupart, avec des raffinements de cruauté et un acharnement aveugle. L'homme livre ainsi ses récoltes à la merci de myriades de parasites dont les dégâts s'élèvent, chaque année, à des centaines de millions de francs.

Plaider, au nom de la justice et de la compassion, la cause de ces animaux, inférieurs à l'homme sans doute, mais auxquels le Créateur a donné, comme à nous, la sensibilité et la vie; rappeler que la Loi du 2 juillet 1850, dite Loi Grammont, punit de l'amende et de la prison ceux qui la méconnaissent en maltraitant publiquement les animaux domestiques; enseigner le rôle et l'utilité de chaque espèce animale dans l'ordre de la nature; démontrer qu'il n'en faut faire souffrir aucune inutilement, même celles dont la mort est jugée nécessaire, telle est la mission des Sociétés protectrices des animaux.

La Société protectrice des animaux récompense les bons traitements.

La loi punit les mauvais traitements envers les animaux domestiques.

Répression des mauvais traitements.

Les membres de la Société, munis de leur carte, sont invités à intervenir personnellement pour faire cesser les sévices exercés sur les animaux, lorsqu'ils en seront témoins ou seulement informés.

A cet effet, ils peuvent :

1° Inviter un agent de l'autorité à dresser un procès-verbal, s'il s'en trouve un sur les lieux ;

2° Ou signaler le fait, par écrit, à M. le préfet de police (1); par écrit ou en personne, au commissaire de police du quartier.

Dans les localités où il n'y a pas de commissaire de police, il faut informer le maire ou ses adjoints, ou bien, à leur défaut, soit le procureur de la République ou ses auxiliaires, soit le juge d'instruction, soit le juge de paix.

Outre la dénonciation pour fait d'infraction à la loi Grammont émanant d'un témoin, tout propriétaire d'un animal blessé ou tué par un tiers, pourra se constituer partie civile contre le délinquant, c'est-à-dire demander les dommages-intérêts pour le tort qui lui a été causé.

(1) Les lettres adressées à M. le préfet de police jouissent de la franchise.

Conditions d'admission dans la Société.

Se faire présenter par un membre de la Société et être admis par le Conseil d'administration.

On peut aussi adresser directement, par écrit, une demande d'admission au secrétaire général de la Société, en indiquant *sa profession ou sa qualité et son domicile.*

La cotisation est de 10 francs par an ; elle est réduite à 5 francs pour les instituteurs, les institutrices, les écoles et les ministres des cultes reconnus.

Les sergents de ville et les gardiens de la paix jouissent du même privilége.

Elle est due et se perçoit à partir du 1er janvier de chaque année.

On devient membre à vie par le versement d'une somme de 100 francs.

Toute personne, sans distinction de sexe, de résidence et de nationalité, peut être reçue membre de la Société.

Les sociétés et les établissements sont aussi admis à faire partie, en nom collectif, de la Société protectrice des animaux.

Carte des membres de la Société.

Tous les membres de la Société reçoivent une carte qui leur facilite les moyens de requérir, dans le cas d'infraction à la loi du 2 juillet 1850 (Loi Grammont), les agents de l'autorité, lesquels *ont seuls le pouvoir de dresser des procès-verbaux.*

Séances.

La Société protectrice des animaux tient une séance générale le troisième jeudi de chaque mois, à trois heures de l'après-midi, rue de Lille, 19, excepté pendant les mois de septembre et d'octobre. Tous les membres de la Société ont le droit d'assister à ces séances.

La Société tient en outre, chaque année, une séance solennelle pour la distribution de ses récompenses.

Tous les membres ont le droit d'assister à cette fête, qui est suivie d'une matinée littéraire et musicale.

La Société publie, chaque mois, un Bulletin de 32 pages au moins, qui est adressé gratuitement à tous les membres et qui forme, au bout de l'année, un volume grand in-8° de 450 pages environ.

L'ensemble de ce recueil, dont la première livraison a paru en 1845, constitue aujourd'hui une série de 21 volumes, où sont traitées, à tous les points de vue, les questions qui se rattachent à la protection des animaux.

Récompenses.

Dans un concours annuel, la Société protectrice des animaux récompense par des médailles, des diplômes ou des primes en argent, les personnes qui, par leurs actes directs ou leur propagande, ont contribué à la pratique ou à la vulgarisation de ces doctrines.

Tels sont: les auteurs d'œuvres scientifiques, littéraires ou artistiques; les inventeurs; les instituteurs et les institutrices; les élèves des écoles primaires; les cavaliers de l'armée; les sapeurs-pompiers; les bergers, aides agricoles de tout genre; gardes et conducteurs de bestiaux, cochers, palefreniers, charretiers, voituriers; maréchaux ferrants, garçons bouchers, agents des abattoirs, agents de l'autorité, et toute personne enfin, ayant fait preuve, à un haut degré, de bienveillance, de compassion et de soins intelligents envers les animaux.

Le programme détaillé des conditions du concours se distribue au secrétariat de la Société.

Prix spéciaux pour les enfants des écoles.

Indépendamment d'un livret de caisse d'épargne de 25 fr. décerné chaque année à un élève d'une école communale en France, la Société donne, tous les ans, un prix consistant en un livre, à l'élève de *chacune des écoles affiliées à l'œuvre,* désigné par le suffrage de ses condisciples, comme digne de cette récompense. Le programme des conditions à remplir se distribue au secrétariat de la Société.

Dons et legs faits à la Société protectrice des animaux.

La reconnaissance de la Société protectrice des animaux comme établissement d'utilité publique (décret du 22 décembre 1860), lui donne la faculté de recevoir des dons et des legs. Il lui en a déjà été fait d'importants qui sont appliqués à la mise en œuvre de l'objet qu'elle poursuit.

Le nom des donateurs figure à perpétuité sur les listes publiées dans le Bulletin.

Le Secrétariat de la Société protectrice des animaux est ouvert tous les jours de la semaine de midi à 4 heures, 19, rue de Lille.

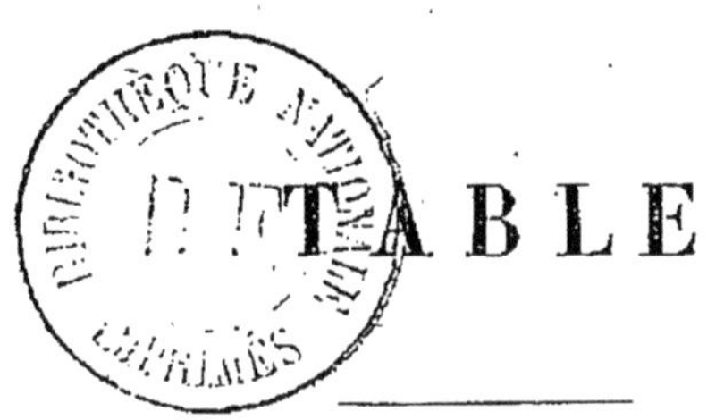

TABLE

FIN DE LA TABLE.

3451-77 Corbeil. — Typ. et stér. de Crété.

www.ingramcontent.com/pod-product-compliance
Ingram Content Group UK Ltd.
Pitfield, Milton Keynes, MK11 3LW, UK
UKHW022113190726
13855UKWH00002B/825